Marcel Wittek

Systembeschreibung Invertiertes Pendel - LIP100 unter Anwendung von Matlab/ Simulink

GRIN Verlag

Bibliografische Information der Deutschen Nationalbibliothek:

Die Deutsche Bibliothek verzeichnet diese Publikation in der Deutschen Nationalbibliografie; detaillierte bibliografische Daten sind im Internet über http://dnb.d-nb.de/ abrufbar.

Impressum:

Druck und Bindung: Books on Demand GmbH, Norderstedt Germany
ISBN: 978-3-640-38617-8

FACHHOCHSCHULE LAUSITZ
UNIVERSITY OF APPLIED SCIENCES
Fachbereich Elektrotechnik

Projektarbeit 2

Synthese von Regelkreisen II

Aufgabe: **Invertiertes Pendel**

Verfasser: Marcel Wittek

Tag der Abgabe: Freitag, 09. Dezember 2005

Inhaltsverzeichnis

1. Beschreibung des physikalischen Systems

1.1 Mechanische Beschreibung des Systems „Invertiertes Pendel“ ...

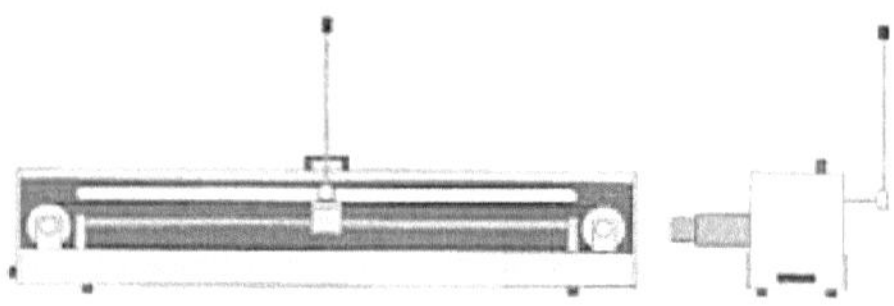

Das physikalische System „invertiertes Pendel“ besteht aus der Realisierung einer instabilen Regelstrecke mit zugehörigem Stellglied und einem digitalen Regler.

Auf einem beweglichen Wagen ist ein frei drehbares Pendel angebracht, welches durch den beobachtergestützten Zustandsrückkopplungsregler in einer nach oben senkrecht stehenden Position ausgerichtet werden soll.

Um das Pendel an einer vorgegebenen Stelle in aufrechter Lage zu stabilisieren, wird der Wagen, auf dem sich das Pendel befindet, über ein Transmissionsband mit Hilfe eines stromgeregelten Gleichstrommotors angetrieben.

Aus den Messgrößen Position des Wagens r, Geschwindigkeit des Wagens v und dem Winkel des Pendelstabes f erzeugt der digitale Regler ein Stellsignal welches zur Stabilisierung den Gleichstrommotor über ein Stellglied geeignet ansteuert. Die Position r des Wagens wird mittels eines Wendelpotentiometers an der Antriebswelle des Motors ermittelt. Zusätzlich ist am Motor ein Tachogenerator angebracht um so die Geschwindigkeit v des Wagens zu erfassen. Zur Messung des Winkels f des Pendelstabes dient ein Schichtpotentiometer an der Drehachse.

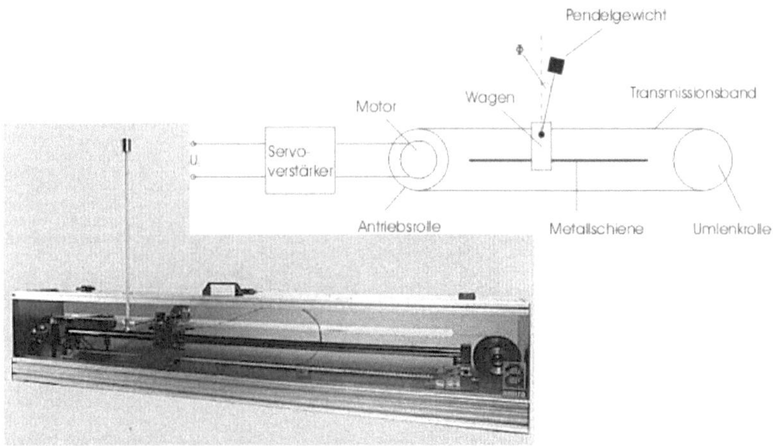

1.2 Mathematische Beschreibung des Systems/ Differentialgleichungssystem ...

Zur Berechnung der wirkenden Kraft, wird das Gesamtsystem in Wagen und Pendel geteilt. Dabei setzt sich die wirkende Gesamtkraft aus einer horizontalen und einer vertikalen Komponente zusammen.

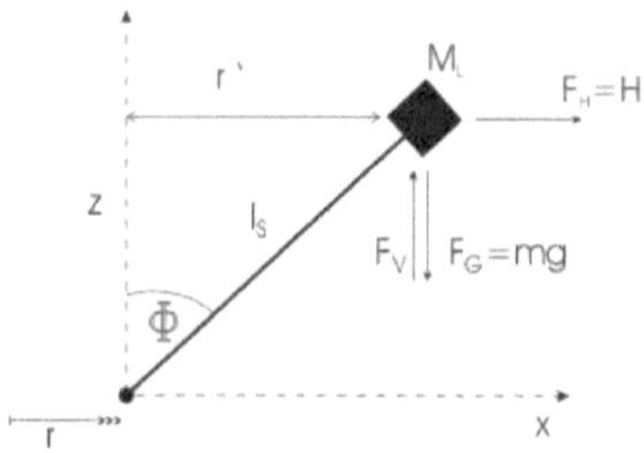

Zunächst soll die horizontale Kraftkomponente betrachtet werden:

$$H = F_H = M_l \cdot a_H$$

Dabei ist die Beschleunigung a_H gleich der 2. Ableitung des Weges nach der Zeit und setzt sich zusammen aus der vom Wagen zurückgelegten Strecke r und der Auslenkung des Pendels aus der Ruhelage r'.

Aus der Addition beider Wegstrecken ergibt sich für H:

$$H = M_l \cdot \frac{\partial^2 r}{\partial t^2} + M_l \cdot \frac{\partial^2 r'}{\partial t^2}$$

Aus der Beziehung am rechtwinkligen Dreieck ergibt sich für r':

$$r' = l_S \cdot \sin\Phi$$

eingesetzt und ausgeklammert kommt als horizontale Kraft H folgende formele Formulierung zustande:

$$\underline{H = M_l \cdot \frac{\partial^2}{\partial t^2} \cdot (r + l_S \cdot \sin\Phi)} \qquad \textbf{(3.1)}$$

Das gelöstete Differential unter Anwendung der Produktregel und der Kettenregel ergibt sich:

$$H = M_l \cdot \frac{\partial^2}{\partial t^2} \cdot (r + l_S \cdot \sin\Phi)$$

1. Ableitung: $H = M_l \cdot \frac{\partial}{\partial t} \cdot \left(\dot{r} + l_S \cdot \dot{\Phi} \cdot \cos\Phi\right)$

2. Ableitung: $H = M_l \cdot \left(\ddot{r} + l_S\left(\ddot{\Phi} \cdot \cos\Phi + \dot{\Phi} \cdot (-\sin\Phi) \cdot \dot{\Phi}\right)\right)$

$$\underline{H = M_l \cdot \left(\ddot{r} + l_S \cdot \ddot{\Phi} \cdot \cos\Phi - l_S \cdot \dot{\Phi}^2 \cdot \sin\Phi\right)} \qquad \textbf{(3.5)}$$

Die Betrachtung der vertikalen Kraftkomponente setzt sich aus dem geregelten Auftrieb der Masse durch den Pendelstab und der entgegengesetzt wirkenden Gewichtskraft der Pendelmasse zusammen:

$$V = F_V + F_G$$

mit F_V aus der Winkelbeziehung am rechtwinkligen Dreieck ergibt sich für die Strecke z (Höhe des Pendelgewichtes über dem Drehpunkt):

$$z = l_S \cdot \cos\Phi$$

und für F_V somit:

$$F_V = M_1 \cdot \frac{\partial^2 z}{\partial t^2}$$

$$F_V = M_1 \cdot \frac{\partial^2}{\partial t^2}(l_S \cdot \cos\Phi)$$

Additiv der entgegengesetzt wirkenden Gewichtskraft mit Erdbeschleunigung (- 9,81 m/s) entsteht eine Differenz für die vertikale Kraftkomponente V (additiv dargestellt):

$$V = F_V + F_G$$

mit $F_G = M_1 \cdot g$ und g = (- 9,81 m/s) ergibt sich eine vertikale Kraft V:

$$\underline{V = M_1 \cdot \frac{\partial^2}{\partial t^2} \cdot (l_S \cdot \cos\Phi) + M_1 \cdot g} \qquad \textbf{(3.2)}$$

Das gelöstete Differential unter Anwendung der Produktregel und der Kettenregel ergibt sich:

$$V = M_1 \cdot \frac{\partial^2}{\partial t^2} \cdot (l_S \cdot \cos\Phi) + M_1 \cdot g$$

1. Ableitung: $V = M_1 \cdot \frac{\partial}{\partial t} \cdot \left(-l_S \cdot \sin\Phi \cdot \dot{\Phi}\right) + M_1 \cdot g$

2. Ableitung: $V = M_1 \cdot \left(-l_S\left(\ddot{\Phi} \cdot \sin\Phi + \dot{\Phi}^2 \cdot \cos \cdot \Phi\right)\right) + M_1 \cdot g$

$$\underline{V = M_1 \cdot -l_S\left(\ddot{\Phi} \cdot \sin\Phi + \dot{\Phi}^2 \cdot \cos \cdot \Phi\right) + M_1 \cdot g} \qquad \textbf{(3.6)}$$

Die Gleichung für das Drehmoment des Pendels lautet (C = Reibungskonstante des Pendels):

$$\Theta_S \frac{\partial^2 \Phi}{\partial t^2} = V\, l_S \sin\Phi - H\, l_S \cos\Phi - C\frac{\partial \Phi}{\partial t} \qquad \textbf{(3.3)}$$

Die Bewegungsgleichung für den Wagen lautet:

$$M_0 \frac{\partial^2 r}{\partial t^2} = F - H - F_r \frac{\partial r}{\partial t} \qquad \textbf{(3.4)}$$

Um die nichtlinearen Differentialgleichungen aufzustellen, müssen nun einige elementar triviale Zwischenrechnungen erfolgen.

Für die 1. Differentialgleichung werden die Gleichungen **3.5** und **3.6** in die Drehmomentengleichung des Pendels **(3.3)** eingesetzt:

$$\Theta_S \frac{\partial^2 \Phi}{\partial t^2} = V\, l_S \sin\Phi - H\, l_S \cos\Phi - C \frac{\partial \Phi}{\partial t}$$

$$\Theta_S \ddot{\Phi} = \left(M_1 \cdot -l_S \left(\ddot{\Phi} \cdot \sin\Phi + \dot{\Phi}^2 \cdot \cos\cdot \Phi\right) + M_1 \cdot g\right) l_S \sin\Phi - \\ \left(M_1 \cdot \left(\ddot{r} + l_S \cdot \ddot{\Phi} \cdot \cos\Phi - l_S \cdot \dot{\Phi}^2 \cdot \sin\Phi\right)\right) l_S \cos\Phi - C \cdot \dot{\Phi}$$

$$\Theta_S \ddot{\Phi} = \left(M_1 \cdot -l_S \cdot \ddot{\Phi} \cdot \sin\Phi + M_1 \cdot -l_S \cdot \dot{\Phi}^2 \cdot \cos\cdot \Phi + M_1 \cdot g\right) l_S \sin\Phi - \\ \left(M_1 \cdot \ddot{r} + M_1 \cdot l_S \cdot \ddot{\Phi} \cdot \cos\Phi - M_1 \cdot l_S \cdot \dot{\Phi}^2 \cdot \sin\Phi\right) l_S \cos\Phi - C \cdot \dot{\Phi}$$

$$\Theta_S \ddot{\Phi} = M_1 \cdot -l_S^2 \cdot \ddot{\Phi} \cdot \sin^2\Phi + M_1 \cdot -l_S^2 \cdot \dot{\Phi}^2 \cdot \cos\cdot \Phi \cdot \sin\Phi + M_1 \cdot g \cdot l_S \sin\Phi - \\ M_1 \cdot \ddot{r} \cdot l_S \cos\Phi - M_1 \cdot l_S^2 \cdot \ddot{\Phi} \cdot \cos^2\Phi + M_1 \cdot l_S^2 \cdot \dot{\Phi}^2 \cdot \cos\Phi \cdot \sin\Phi - C \cdot \dot{\Phi}$$

$$\Theta_S \ddot{\Phi} = -M_1 \cdot l_S^2 \cdot \ddot{\Phi} \cdot \left(\sin^2\Phi + \cos^2\Phi\right) + M_1 \cdot g \cdot l_S \sin\Phi - M_1 \cdot \ddot{r} \cdot l_S \cos\Phi - C \cdot \dot{\Phi}$$

Laut der Winkelfunktion des trigonometrischen Pythagoras gilt:

$$\sin^2\Phi + \cos^2\Phi = 1$$

Dies eingesetzt ergibt sich:

$$\Theta_S \ddot{\Phi} = -M_1 \cdot l_S^2 \cdot \ddot{\Phi} + M_1 \cdot g \cdot l_S \sin\Phi - M_1 \cdot \ddot{r} \cdot l_S \cos\Phi - C \cdot \dot{\Phi}$$

um das gekoppelte System mathematisch zu beschreiben wird nun für T_S die Ausdrucksweise des mathematischen Modells:

$$\Theta = \Theta_S + M_1 \cdot l_S^2 \qquad \textbf{(3.9)}$$

umgestellt nach T_S: $\Theta_S = \Theta - M_1 \cdot l_S^2$

und eingesetzt.

Es entsteht:

$$(\Theta - M_1 \cdot l_S) \cdot \ddot{\Phi} = -M_1 \cdot l_S^2 \cdot \ddot{\Phi} + M_1 \cdot g \cdot l_S \sin\Phi - M_1 \cdot \ddot{r} \cdot l_S \cos\Phi - C \cdot \dot{\Phi}$$

nach erneuter Umstellung und Ausmultiplizierung die 1. Differentialgleichung:

$$\Theta \cdot \ddot{\Phi} - M_1 \cdot l_S \cdot \ddot{\Phi} = -M_1 \cdot l_S^2 \cdot \ddot{\Phi} + M_1 \cdot g \cdot l_S \sin\Phi - M_1 \cdot \ddot{r} \cdot l_S \cos\Phi - C \cdot \dot{\Phi}$$

$$\Theta \cdot \ddot{\Phi} - M_1 \cdot l_S \cdot \ddot{\Phi} + M_1 \cdot l_S^2 \cdot \ddot{\Phi} - M_1 \cdot g \cdot l_S \sin\Phi + M_1 \cdot \ddot{r} \cdot l_S \cos\Phi + C \cdot \dot{\Phi} = 0$$

$$\Theta \cdot \ddot{\Phi} - M_1 \cdot l_S \cdot \ddot{\Phi} + M_1 \cdot l_S^2 \cdot \ddot{\Phi} - M_1 \cdot g \cdot l_S \sin\Phi + M_1 \cdot \ddot{r} \cdot l_S \cos\Phi + C \cdot \dot{\Phi} = 0$$

$$\underline{\underline{\Theta \cdot \ddot{\Phi} + C \cdot \dot{\Phi} - M_1 \cdot g \cdot l_S \sin\Phi + M_1 \cdot \ddot{r} \cdot l_S \cos\Phi = 0}} \qquad (3.7)$$

1. Differentialgleichung

Für die 2. Differentialgleichung wird die Gleichungen der horizontalen Kraftkomponente **3.5** in die Bewegungsgleichung des Wagens **(3.4)** eingesetzt:

$$M_0 \frac{\partial^2 r}{\partial t^2} = F - H - F_r \frac{\partial r}{\partial t}$$

$$M_0 \frac{\partial^2 r}{\partial t^2} = F - \left(M_1 \cdot \left(\ddot{r} + l_S \cdot \ddot{\Phi} \cdot \cos\Phi - l_S \cdot \dot{\Phi}^2 \cdot \sin\Phi\right)\right) - F_r \frac{\partial r}{\partial t}$$

$$M_0 \cdot \ddot{r} = F - \left(M_1 \cdot \ddot{r} + M_1 \cdot l_S \cdot \ddot{\Phi} \cdot \cos\Phi - M_1 \cdot l_S \cdot \dot{\Phi}^2 \cdot \sin\Phi\right) - F_r \dot{r}$$

$$M_0 \cdot \ddot{r} = F - M_1 \cdot \ddot{r} - M_1 \cdot l_S \cdot \ddot{\Phi} \cdot \cos\Phi + M_1 \cdot l_S \cdot \dot{\Phi}^2 \cdot \sin\Phi - F_r \cdot \dot{r}$$

um das gekoppelte System mathematisch zu beschreiben wird nun für M_0 die Ausdrucksweise des mathematischen Modells:

$$M = M_0 + M_1 \qquad \textbf{(3.10)}$$

umgestellt nach T_S: $M_0 = M - M_1$

und eingesetzt. Es entsteht:

$$(M - M_1) \cdot \ddot{r} = F - M_1 \cdot \ddot{r} - M_1 \cdot l_S \cdot \ddot{\Phi} \cdot \cos\Phi + M_1 \cdot l_S \cdot \dot{\Phi}^2 \cdot \sin\Phi - F_r \cdot \dot{r}$$

nach erneuter Umstellung und Ausmultiplizierung die 2. Differentialgleichung:

$$M \cdot \ddot{r} - M_1 \cdot \ddot{r} = F - M_1 \cdot \ddot{r} - M_1 \cdot l_S \cdot \ddot{\Phi} \cdot \cos\Phi + M_1 \cdot l_S \cdot \dot{\Phi}^2 \cdot \sin\Phi - F_r \cdot \dot{r}$$

$$M \cdot \ddot{r} - M_1 \cdot \ddot{r} - F + M_1 \cdot \ddot{r} + M_1 \cdot l_S \cdot \ddot{\Phi} \cdot \cos\Phi - M_1 \cdot l_S \cdot \dot{\Phi}^2 \cdot \sin\Phi + F_r \cdot \dot{r} = 0$$

$$M \cdot \ddot{r} - F + M_1 \cdot l_S \cdot \ddot{\Phi} \cdot \cos\Phi - M_1 \cdot l_S \cdot \dot{\Phi}^2 \cdot \sin\Phi + F_r \cdot \dot{r} = 0$$

$$M \cdot \ddot{r} + F_r \cdot \dot{r} + M_1 \cdot l_S \cdot \left(\ddot{\Phi} \cdot \cos\Phi - \dot{\Phi}^2 \cdot \sin\Phi\right) - F = 0$$

$$\underline{\underline{M \cdot \ddot{r} + F_r \cdot \dot{r} + M_1 \cdot l_S \cdot \left(\ddot{\Phi} \cdot \cos\Phi - \dot{\Phi}^2 \cdot \sin\Phi\right) = F}} \qquad (3.8)$$

2. Differentialgleichung

Nun müssen die Differentialgleichung für eine Überführung in den Zustandsraum noch so umgestellt werden, dass die höchste Ableitung, in Form der Winkelbeschleunigung $\ddot{\Phi}$ beziehungsweise der Beschleunigung $\ddot{r}$ separat dastehen. Anschließend müssen die gegenseitigen Abhängigkeiten der beiden Variablen durch ein jeweiliges Einsetzen eliminiert werden.

Als erstes soll nun die DGL für $\ddot{\Phi}$ unabhängig von $\ddot{r}$ aufgestellt werden.

Zunächst muss Gleichung **(3.8)** nach $\ddot{r}$ umgestellt werden:

$$M \cdot \ddot{r} + F_r \cdot \dot{r} + M_1 \cdot l_S \cdot \left(\ddot{\Phi} \cdot \cos\Phi - \dot{\Phi}^2 \cdot \sin\Phi\right) = F$$

$$\ddot{r} = \frac{F}{M} - \left(\frac{F_r \cdot \dot{r} + M_1 \cdot l_S \cdot \ddot{\Phi} \cdot \cos\Phi - M_1 \cdot l_S \cdot \dot{\Phi}^2 \cdot \sin\Phi}{M}\right)$$

$$\ddot{r} = \frac{F - F_r \cdot \dot{r} - M_1 \cdot l_S \cdot \ddot{\Phi} \cdot \cos\Phi + M_1 \cdot l_S \cdot \dot{\Phi}^2 \cdot \sin\Phi}{M}$$

und nun entsprechend in **(3.7)** eingesetzt werden:

$$\Theta\ddot{\Phi} + C\dot{\Phi} - M_1 l_S g \sin\Phi + M_1 l_S \cos\Phi \left[\frac{F - F_r \cdot \dot{r} - M_1 \cdot l_S \cdot \ddot{\Phi} \cdot \cos\Phi + M_1 \cdot l_S \cdot \dot{\Phi}^2 \cdot \sin\Phi}{M}\right] = 0$$

Umgeformt und nach $\ddot{\Phi}$ umgestellt ergibt sich die neue Differentialgleichung für $\ddot{\Phi}$:

$$\Theta\ddot{\Phi} - \frac{(M_1 \cdot l_S)^2 \cdot \ddot{\Phi} \cdot \cos^2\Phi}{M} + C\dot{\Phi} + \frac{(M_1 \cdot l_S)^2 \cdot \dot{\Phi}^2 \cdot \sin\Phi \cdot \cos\Phi}{M} - M_1 l_S g \sin\Phi + \frac{M_1 l_S \cos\Phi \cdot F}{M} - \frac{F_r \cdot \dot{r} \cdot M_1 l_S \cos\Phi}{M} = 0$$

$$\Theta\ddot{\Phi} - \frac{(M_1 \cdot l_S)^2 \cdot \ddot{\Phi} \cdot \cos^2\Phi}{M} = -C\dot{\Phi} - \frac{(M_1 \cdot l_S)^2 \cdot \dot{\Phi}^2 \cdot \sin\Phi \cdot \cos\Phi}{M} + M_1 l_S g \sin\Phi - \frac{M_1 l_S \cos\Phi \cdot F}{M} + \frac{F_r \cdot \dot{r} \cdot M_1 l_S \cos\Phi}{M}$$

$$\ddot{\Phi} \cdot \left(\frac{-(M_1 \cdot l_S)^2 \cdot \ddot{\Phi} \cdot \cos^2\Phi + (\Theta \cdot M)}{M}\right) = -C\dot{\Phi} - \frac{(M_1 \cdot l_S)^2 \cdot \dot{\Phi}^2 \cdot \sin\Phi \cdot \cos\Phi}{M} + M_1 l_S g \sin\Phi - \frac{M_1 l_S \cos\Phi \cdot F}{M} + \frac{F_r \cdot \dot{r} \cdot M_1 l_S \cos\Phi}{M}$$

$$\ddot{\Phi} = \frac{-C\dot{\Phi} \cdot M - (M_1 \cdot l_S)^2 \cdot \dot{\Phi}^2 \cdot \sin\Phi \cdot \cos\Phi + M_1 l_S g \sin\Phi \cdot M - M_1 l_S \cos\Phi \cdot F + F_r \cdot \dot{r} \cdot M_1 l_S \cos\Phi}{-(M_1 \cdot l_S)^2 \cdot \ddot{\Phi} \cdot \cos^2\Phi + (\Theta \cdot M)}$$

$$\ddot{\Phi} = \frac{C\dot{\Phi} \cdot M + (M_1 \cdot l_S)^2 \cdot \dot{\Phi}^2 \cdot \sin\Phi \cdot \cos\Phi - M_1 l_S g \sin\Phi \cdot M + M_1 l_S \cos\Phi \cdot F - F_r \cdot \dot{r} \cdot M_1 l_S \cos\Phi}{(M_1 \cdot l_S)^2 \cdot \ddot{\Phi} \cdot \cos^2\Phi - (\Theta \cdot M)}$$

$$\ddot{\Phi} = \frac{M_1 l_S \cos\Phi\left(M_1 \cdot l_S \cdot \dot{\Phi}^2 \cdot \sin\Phi + F - F_r \cdot \dot{r}\right) - M\left(M_1 l_S g \sin\Phi - C\dot{\Phi}\right)}{(M_1 \cdot l_S)^2 \cdot \ddot{\Phi} \cdot \cos^2\Phi - (\Theta \cdot M)} \qquad \text{(DGL } \ddot{\Phi}\text{)}$$

Entsprechend dieser Vorgehensweise muss nun die DGL für $\ddot{r}$ unabhängig von $\ddot{\Phi}$ aufgestellt werden.

Zunächst muss dazu Gleichung **(3.7)** nach $\ddot{\Phi}$ umgestellt werden:

$$\Theta \cdot \ddot{\Phi} + C \cdot \dot{\Phi} - M_1 \cdot g \cdot l_S \sin\Phi + M_1 \cdot \ddot{r} \cdot l_S \cos\Phi = 0$$

$$\ddot{\Phi} = -\left(\frac{C \cdot \dot{\Phi} - M_1 \cdot g \cdot l_S \sin\Phi + M_1 \cdot \ddot{r} \cdot l_S \cos\Phi}{\Theta} \right)$$

$$\ddot{\Phi} = \frac{-C \cdot \dot{\Phi} + M_1 \cdot g \cdot l_S \sin\Phi - M_1 \cdot \ddot{r} \cdot l_S \cos\Phi}{\Theta}$$

Und nun in die 2. Differentialgleichung **(3.8)** eingesetzt werden:

$$M \cdot \ddot{r} + F_r \cdot \dot{r} + M_1 \cdot l_S \cdot \ddot{\Phi} \cdot \cos\Phi - M_1 \cdot l_S \cdot \dot{\Phi}^2 \cdot \sin\Phi = F$$

$$M \cdot \ddot{r} + F_r \cdot \dot{r} + M_1 \cdot l_S \cdot \cos\Phi \cdot \left[\frac{-C \cdot \dot{\Phi} + M_1 \cdot g \cdot l_S \sin\Phi - M_1 \cdot \ddot{r} \cdot l_S \cos\Phi}{\Theta} \right] - M_1 \cdot l_S \cdot \dot{\Phi}^2 \cdot \sin\Phi = F$$

Umgeformt und nach $\ddot{r}$ umgestellt ergibt sich die neue Differentialgleichung für $\ddot{r}$:

$$M \cdot \ddot{r} - \frac{(M_1 \cdot l_S)^2 \cdot \ddot{r} \cdot \cos^2\Phi}{\Theta} + F_r \cdot \dot{r} - \frac{C \cdot \dot{\Phi} \cdot M_1 \cdot l_S \cdot \cos\Phi}{\Theta} + \frac{(M_1 \cdot l_S)^2 \cdot g \cdot \sin\Phi \cdot \cos\Phi}{\Theta} - M_1 \cdot l_S \cdot \dot{\Phi}^2 \cdot \sin\Phi = F$$

$$M \cdot \ddot{r} - \frac{(M_1 \cdot l_S)^2 \cdot \ddot{r} \cdot \cos^2\Phi}{\Theta} = F - F_r \cdot \dot{r} + \frac{C \cdot \dot{\Phi} \cdot M_1 \cdot l_S \cdot \cos\Phi}{\Theta} - \frac{(M_1 \cdot l_S)^2 \cdot g \cdot \sin\Phi \cdot \cos\Phi}{\Theta} + M_1 \cdot l_S \cdot \dot{\Phi}^2 \cdot \sin\Phi$$

$$\ddot{r} \cdot \left(\frac{-(M_1 \cdot l_S)^2 \cdot \cos^2\Phi + (M \cdot \Theta)}{\Theta} \right) = F - F_r \cdot \dot{r} + \frac{C \cdot \dot{\Phi} \cdot M_1 \cdot l_S \cdot \cos\Phi}{\Theta} - \frac{(M_1 \cdot l_S)^2 \cdot g \cdot \sin\Phi \cdot \cos\Phi}{\Theta} + M_1 \cdot l_S \cdot \dot{\Phi}^2 \cdot \sin\Phi$$

$$\ddot{r} = \frac{(F - F_r \cdot \dot{r}) \cdot \Theta}{-(M_1 \cdot l_S)^2 \cdot \cos^2\Phi + (M \cdot \Theta)} + \frac{C \cdot \dot{\Phi} \cdot M_1 \cdot l_S \cdot \cos\Phi}{-(M_1 \cdot l_S)^2 \cdot \cos^2\Phi + (M \cdot \Theta)} - \frac{(M_1 \cdot l_S)^2 \cdot g \cdot \sin\Phi \cdot \cos\Phi}{-(M_1 \cdot l_S)^2 \cdot \cos^2\Phi + (M \cdot \Theta)} + \frac{(M_1 \cdot l_S \cdot \dot{\Phi}^2 \cdot \sin\Phi) \cdot \Theta}{-(M_1 \cdot l_S)^2 \cdot \cos^2\Phi + (M \cdot \Theta)}$$

$$\ddot{r} = \frac{F \cdot \Theta - F_r \cdot \dot{r} \cdot \Theta + C \cdot \dot{\Phi} \cdot M_1 \cdot l_S \cdot \cos\Phi - (M_1 \cdot l_S)^2 \cdot g \cdot \sin\Phi \cdot \cos\Phi + M_1 \cdot l_S \cdot \dot{\Phi}^2 \cdot \sin\Phi \cdot \Theta}{-(M_1 \cdot l_S)^2 \cdot \cos^2\Phi + (M \cdot \Theta)}$$

$$\ddot{r} = \frac{F \cdot \Theta - F_r \cdot \dot{r} \cdot \Theta + C \cdot \dot{\Phi} \cdot M_1 \cdot l_S \cdot \cos\Phi - (M_1 \cdot l_S)^2 \cdot g \cdot \sin\Phi \cdot \cos\Phi + (M_1 \cdot l_S \cdot \dot{\Phi}^2 \cdot \sin\Phi) \cdot \Theta}{-(M_1 \cdot l_S)^2 \cdot \cos^2\Phi + (M \cdot \Theta)}$$

$$\ddot{r} = \frac{-F \cdot \Theta + F_r \cdot \dot{r} \cdot \Theta - C \cdot \dot{\Phi} \cdot M_1 \cdot l_S \cdot \cos\Phi + (M_1 \cdot l_S)^2 \cdot g \cdot \sin\Phi \cdot \cos\Phi - (M_1 \cdot l_S \cdot \dot{\Phi}^2 \cdot \sin\Phi) \cdot \Theta}{(M_1 \cdot l_S)^2 \cos^2\Phi - (M \cdot \Theta)}$$

$$\underline{\underline{\ddot{r} = \frac{M_1 \cdot l_S \cdot \cos\Phi \cdot (M_1 \cdot l_S \cdot g \cdot \sin\Phi - C \cdot \dot{\Phi}) - \Theta \cdot (M_1 \cdot l_S \cdot \dot{\Phi}^2 \cdot \sin\Phi + F - F_r \cdot \dot{r})}{(M_1 \cdot l_S)^2 \cdot \ddot{r} \cdot \cos^2\Phi - (M \cdot \Theta)}}} \quad \text{(DGL } \ddot{r}\text{)}$$

2. Notwendigkeit einer Linearisierung

Begründung für Linearisierung:

Da sich die wirkende Kraft am Invertierten Pendel aus mehreren Komponenten zusammensetzt, entsteht wie aus den beiden DGLs für $\ddot{r}$ und $\ddot{\Phi}$ ersichtlich ist ein System höherer Ordnung. Somit ist die Errechnung der jeweiligen Gleichgewichtslage mit den dazugehörigen Arbeitsparametern nur sehr schwer möglich, da die meisten regelungstechnischen Verfahren auf linearen Systemen basieren. Durch den Übergang vom Arbeitspunkt zu den Abweichungen kann man das ursprüngliche System durch ein lineares System approximieren.

Aus diesem Grunde wird die angesprochene Funktion ***unter 2.1***, mittels einer Taylorschen Reihe linearisiert.

2.1 Durchführung der Linearisierung anhand der Versuchsanleitung ...

Zur Darstellung eines Systems im Zustandsraum müssen die Faktoren der DGL in linearer Form vorliegen. Zur beschriebenen Illustration des Systems im Zustandsraum benötigt man einen entsprechenden Zustandsvektor und die Eingangsgröße:

$$\text{(I)} \qquad \underline{x} = \begin{bmatrix} x_1 \\ x_2 \\ x_3 \\ x_4 \end{bmatrix} = \begin{bmatrix} r \\ \Phi \\ \dot{r} \\ \dot{\Phi} \end{bmatrix} \qquad\qquad \text{(II)} \qquad u = F$$

Aus diesem Zustandsvektor lässt sich die Beschreibung der Eingangsgrößen vornehmen.

Taylorreihenentwicklung:

- **Funktion f_1:**

$\dot{x}_1 = x_3 = \dot{r} = f_1(x, u)$ zur Linearisierung in einer Taylorreihe entwickelt ergibt sich:

$$f(x_n) = f_1 + \frac{\partial f_1}{\partial x_1} + \frac{\partial f_1}{\partial x_2} + \frac{\partial f_1}{\partial x_3} + \frac{\partial f_1}{\partial x_4} + \frac{\partial f_1}{\partial u}$$

$$f_1 + \frac{\partial f_1}{\partial x_1} = \left.\frac{\partial x_3}{\partial x_1}\right|_{\substack{X=X_A \\ u=0}} \cdot \Delta x_1 = \underline{\underline{0 \cdot \Delta x_1}}$$

$$f_1 + \frac{\partial f_1}{\partial x_2} = \left.\frac{\partial x_3}{\partial x_2}\right|_{\substack{X=X_A \\ u=0}} \cdot \Delta x_2 = \underline{\underline{0 \cdot \Delta x_2}}$$

$$f_1 + \frac{\partial f_1}{\partial x_3} = \left.\frac{\partial x_3}{\partial x_3}\right|_{\substack{X=X_A \\ u=0}} \cdot \Delta x_3 = \underline{\underline{1 \cdot \Delta x_3}}$$

$$f_1 + \frac{\partial f_1}{\partial x_4} = \frac{\partial x_3}{\partial x_4}\bigg|_{\substack{X=X_A\\u=0}} \cdot \Delta x_4 = \underline{\underline{0 \cdot \Delta x_4}}$$

$$f_1 + \frac{\partial f_1}{\partial u} = \frac{\partial x_3}{\partial u}\bigg|_{\substack{X=X_A\\u=0}} \cdot \Delta u = \underline{\underline{0 \cdot \Delta u}}$$

$$\underline{\underline{\dot{x}_1 = 0 \cdot \Delta x_1 + 0 \cdot \Delta x_2 + 1 \cdot \Delta x_3 + 0 \cdot \Delta x_4 + 0 \cdot \Delta u}}$$ Systemgleichung 1

- **Funktion f_2:**

$\dot{x}_2 = x_4 = \dot{\Phi} = f_2(x, u)$ zur Linearisierung in einer Taylorreihe entwickelt ergibt sich:

$$f(x_n) = f_2 + \frac{\partial f_2}{\partial x_1} + \frac{\partial f_2}{\partial x_2} + \frac{\partial f_2}{\partial x_3} + \frac{\partial f_2}{\partial x_4} + \frac{\partial f_2}{\partial u}$$

$$f_2 + \frac{\partial f_2}{\partial x_1} = \frac{\partial x_4}{\partial x_1}\bigg|_{\substack{X=X_A\\u=0}} \cdot \Delta x_1 = \underline{\underline{0 \cdot \Delta x_1}}$$

$$f_2 + \frac{\partial f_2}{\partial x_2} = \frac{\partial x_4}{\partial x_2}\bigg|_{\substack{X=X_A\\u=0}} \cdot \Delta x_2 = \underline{\underline{0 \cdot \Delta x_2}}$$

$$f_2 + \frac{\partial f_2}{\partial x_3} = \frac{\partial x_4}{\partial x_3}\bigg|_{\substack{X=X_A\\u=0}} \cdot \Delta x_3 = \underline{\underline{0 \cdot \Delta x_3}}$$

$$f_2 + \frac{\partial f_2}{\partial x_4} = \frac{\partial x_4}{\partial x_4}\bigg|_{\substack{X=X_A\\u=0}} \cdot \Delta x_4 = \underline{\underline{1 \cdot \Delta x_4}}$$

$$f_2 + \frac{\partial f_2}{\partial u} = \frac{\partial x_4}{\partial u}\bigg|_{\substack{X=X_A\\u=0}} \cdot \Delta u = \underline{\underline{0 \cdot \Delta u}}$$

$$\underline{\underline{\dot{x}_2 = 0 \cdot \Delta x_1 + 0 \cdot \Delta x_2 + 0 \cdot \Delta x_3 + 1 \cdot \Delta x_4 + 0 \cdot \Delta u}}$$ Systemgleichung 2

- **Funktion f_3:**

$$\dot{x}_3 = \beta(x_2) \cdot (a_{32} \sin(x_2)\cos(x_2) + a_{33}x_3 + a_{34}\cos(x_2)x_4 + a_{35}\sin(x_2)x_4^2 + b_3u) = \ddot{r} = f_3(x, u)$$

mit den entsprechenden Abkürzungen der Formelausdrücke:

$$\dot{x}_3 = (1 + \frac{N^2}{N_{01}} \sin^2(x_2))^{-1} \cdot (a_{32} \sin(x_2)\cos(x_2) + a_{33}x_3 + a_{34}\cos(x_2)x_4 + a_{35}\sin(x_2)x_4^2 + b_3u)$$

zur Linearisierung in einer Taylorreihe entwickelt ergibt sich:

$$f(x_n) = f_3 + \frac{\partial f_3}{\partial x_1} + \frac{\partial f_3}{\partial x_2} + \frac{\partial f_3}{\partial x_3} + \frac{\partial f_3}{\partial x_4} + \frac{\partial f_3}{\partial u}$$

$$f_3 + \frac{\partial f_3}{\partial x_1} = \frac{\partial \cdot \{\beta(x_2)\cdot(a_{32}\sin(x_2)\cos(x_2)+a_{33}x_3+a_{34}\cos(x_2)x_4+a_{35}\sin(x_2)x_4^{\ 2}+b_3u)\}}{\partial x_1}\Bigg|_{\substack{X=X_a\\u=0}} \cdot \Delta x_1$$

$$f_3 + \frac{\partial f_3}{\partial x_1} = \frac{\partial \cdot \{\beta(x_2)\cdot(a_{32}\sin(x_2)\cos(x_2))\}}{\partial x_1}\Bigg|_{\substack{X=X_a\\u=0}} \cdot \Delta x_1$$

mit: $\beta(x_2) = (1+\frac{N^2}{N_{01}}\sin^2(x_2))^{-1}$

ergibt sich **?x₁**: ? $f_3 + \frac{\partial f_3}{\partial x_1} = \frac{\partial \cdot \left\{(1+\frac{N^2}{N_{01}}\sin^2(x_2))^{-1}\cdot(a_{32}\sin(x_2)\cos(x_2))\right\}}{\partial x_1}\Bigg|_{\substack{X=X_a\\u=0}} = \underline{\underline{0\cdot\Delta x}}_1$

? $f_3 + \frac{\partial f_3}{\partial x_1} = \frac{\partial \cdot \left\{(1+\frac{N^2}{N_{01}}\sin^2(x_2))^{-1}\cdot(a_{33}x_3)\right\}}{\partial x_1}\Bigg|_{\substack{X=X_a\\u=0}} = \underline{\underline{0\cdot\Delta x}}_1$

? $f_3 + \frac{\partial f_3}{\partial x_1} = \frac{\partial \cdot \left\{(1+\frac{N^2}{N_{01}}\sin^2(x_2))^{-1}\cdot(a_{34}\cos(x_2)x_4)\right\}}{\partial x_1}\Bigg|_{\substack{X=X_a\\u=0}} = \underline{\underline{0\cdot\Delta x}}_1$

? $f_3 + \frac{\partial f_3}{\partial x_1} = \frac{\partial \cdot \left\{(1+\frac{N^2}{N_{01}}\sin^2(x_2))^{-1}\cdot(a_{35}\sin(x_2)x_4^{\ 2})\right\}}{\partial x_1}\Bigg|_{\substack{X=X_a\\u=0}} = \underline{\underline{0\cdot\Delta x}}_1$

? $f_3 + \frac{\partial f_3}{\partial x_1} = \frac{\partial \cdot \left\{(1+\frac{N^2}{N_{01}}\sin^2(x_2))^{-1}\cdot(b_3u)\right\}}{\partial x_1}\Bigg|_{\substack{X=X_a\\u=0}} = \underline{\underline{0\cdot\Delta x}}_1$

$$f_3 + \frac{\partial f_3}{\partial x_2} = \frac{\partial \cdot \{\beta(x_2)\cdot(a_{32}\sin(x_2)\cos(x_2)+a_{33}x_3+a_{34}\cos(x_2)x_4+a_{35}\sin(x_2)x_4^{\ 2}+b_3u)\}}{\partial x_2}\Bigg|_{\substack{X=X_a\\u=0}} \cdot \Delta x_2$$

$$f_3 + \frac{\partial f_3}{\partial x_2} = \frac{\partial \cdot \{\beta(x_2)\cdot(a_{32}\sin(x_2)\cos(x_2))\}}{\partial x_2}\Bigg|_{\substack{X=X_a\\u=0}} \cdot \Delta x_2$$

mit: $\beta(x_2) = (1+\frac{N^2}{N_{01}}\sin^2(x_2))^{-1}$

und **?x₂**: ? $f_3 + \frac{\partial f_3}{\partial x_2} = \frac{\partial \cdot \left\{(1+\frac{N^2}{N_{01}}\sin^2(x_2))^{-1}\cdot(a_{32}\sin(x_2)\cos(x_2))\right\}}{\partial x_2}\Bigg|_{\substack{X=X_a\\u=0}}$

$$f_3 + \frac{\partial f_3}{\partial x_2} = \frac{\left(2\cdot\cos^2(x_2) - \sin^2(x_2)\cdot\frac{N^2}{N^2_{01}} - 1\right)\cdot a_{32}}{\left(\sin^2 x_2 \cdot \frac{N^2}{N_{01}} + 1\right)^2}\Bigg|_{\substack{X=X_a\\u=0}} = \underline{\underline{a_{32}\cdot\Delta x_2}}$$

$$?\ f_3 + \frac{\partial f_3}{\partial x_2} = \frac{\partial\cdot\left\{(1+\frac{N^2}{N_{01}}\sin^2(x_2))^{-1}\cdot(a_{33}x_3)\right\}}{\partial x_2}\Bigg|_{\substack{X=X_a\\u=0}}$$

$$f_3 + \frac{\partial f_3}{\partial x_2} = \frac{-2\cdot\sin(x_2)\cdot\cos(x_2)\cdot\frac{N^2}{N_{01}}\cdot x_3\cdot a_{33}}{\left(\sin^2 x_2\cdot\frac{N^2}{N_{01}}+1\right)^2}\Bigg|_{\substack{X=X_a\\u=0}} = \underline{\underline{0\cdot\Delta x_2}}$$

$$?\ f_3 + \frac{\partial f_3}{\partial x_2} = \frac{\partial\cdot\left\{(1+\frac{N^2}{N_{01}}\sin^2(x_2))^{-1}\cdot(a_{34}\cos(x_2)x_4)\right\}}{\partial x_2}\Bigg|_{\substack{X=X_a\\u=0}}$$

$$f_3 + \frac{\partial f_3}{\partial x_2} = \frac{-a_{34}\cdot\sin(x_2)\cdot x_4\cdot(1+\frac{N^2}{N_{01}}\cdot\sin^2(x_2)) - a_{34}\cdot\cos(x_2)\cdot x_4\cdot\frac{N^2}{N_{01}}\cdot 2\cdot\sin(x_2)\cdot\cos(x_2)}{\left(1+\frac{N^2}{N_{01}}\cdot\sin^2(x_2)\right)^2}\Bigg|_{\substack{X=Xa\\u=0}} = \underline{\underline{0\cdot\Delta x_2}}$$

$$?\ f_3 + \frac{\partial f_3}{\partial x_2} = \frac{\partial\cdot\left\{(1+\frac{N^2}{N_{01}}\sin^2(x_2))^{-1}\cdot(a_{35}\sin(x_2)x_4^{\ 2})\right\}}{\partial x_2}\Bigg|_{\substack{X=X_a\\u=0}}$$

$$f_3 + \frac{\partial f_3}{\partial x_2} = \frac{a_{35}\cdot\cos(x_2)\cdot x_4\cdot(1+\frac{N^2}{N_{01}}\cdot\sin^2(x_2)) - a_{35}\cdot\sin(x_2)\cdot x_4\cdot\frac{N^2}{N_{01}}\cdot 2\cdot\sin(x_2)\cdot\cos(x_2)}{\left(1+\frac{N^2}{N_{01}}\cdot\sin^2(x_2)\right)^2}\Bigg|_{\substack{X=Xa\\u=0}} = \underline{\underline{0\cdot\Delta x_2}}$$

$$?\ f_3 + \frac{\partial f_3}{\partial x_2} = \frac{\partial\cdot\left\{(1+\frac{N^2}{N_{01}}\sin^2(x_2))^{-1}\cdot(b_3 u)\right\}}{\partial x_2}\Bigg|_{\substack{X=X_a\\u=0}}$$

$$f_3 + \frac{\partial f_3}{\partial x_2} = \frac{-2\cdot\sin(x_2)\cdot\cos(x_2)\cdot\frac{N^2}{N_{01}}\cdot u\cdot b_3}{\left(\sin^2 x_2\cdot\frac{N^2}{N_{01}}+1\right)^2}\Bigg|_{\substack{X=X_a\\u=0}} = \underline{\underline{0\cdot\Delta u}}$$

$$f_3 + \frac{\partial f_3}{\partial x_3} = \frac{\partial \cdot \left\{\beta(x_2)\cdot(a_{32}\sin(x_2)\cos(x_2)+a_{33}x_3+a_{34}\cos(x_2)x_4+a_{35}\sin(x_2)x_4^{\ 2}+b_3u)\right\}}{\partial x_3}\Bigg|_{\substack{X=X_a\\u=0}} \cdot \Delta x_3$$

$$f_3 + \frac{\partial f_3}{\partial x_3} = \frac{\partial \cdot \left\{\beta(x_2)\cdot(a_{32}\sin(x_2)\cos(x_2))\right\}}{\partial x_3}\Bigg|_{\substack{X=X_a\\u=0}} \cdot \Delta x_3$$

mit: $\beta(x_2) = (1+\frac{N^2}{N_{01}}\sin^2(x_2))^{-1}$

und **? x3**:

$$?\ f_3 + \frac{\partial f_3}{\partial x_3} = \frac{\partial \cdot \left\{(1+\frac{N^2}{N_{01}}\sin^2(x_2))^{-1}\cdot(a_{32}\sin(x_2)\cos(x_2))\right\}}{\partial x_3}\Bigg|_{\substack{X=X_a\\u=0}} = \underline{\underline{0\cdot\Delta x}}_3$$

$$?\ f_3 + \frac{\partial f_3}{\partial x_3} = \frac{\partial \cdot \left\{(1+\frac{N^2}{N_{01}}\sin^2(x_2))^{-1}\cdot(a_{33}x_3)\right\}}{\partial x_3}\Bigg|_{\substack{X=X_a\\u=0}}$$

$$f_3 + \frac{\partial f_3}{\partial x_3} = \frac{a_{33}}{\left(\frac{N^2}{N_{01}}\cdot\sin^2(x)+1\right)^2}\Bigg|_{\substack{X=X_a\\u=0}} = \underline{\underline{a_{33}\cdot\Delta x}}_3$$

$$?\ f_3 + \frac{\partial f_3}{\partial x_3} = \frac{\partial \cdot \left\{(1+\frac{N^2}{N_{01}}\sin^2(x_2))^{-1}\cdot(a_{34}\cos(x_2)x_4)\right\}}{\partial x_3}\Bigg|_{\substack{X=X_a\\u=0}} = \underline{\underline{0\cdot\Delta x}}_3$$

$$?\ f_3 + \frac{\partial f_3}{\partial x_3} = \frac{\partial \cdot \left\{(1+\frac{N^2}{N_{01}}\sin^2(x_2))^{-1}\cdot(a_{35}\sin(x_2)x_4^{\ 2})\right\}}{\partial x_3}\Bigg|_{\substack{X=X_a\\u=0}} = \underline{\underline{0\cdot\Delta x}}_3$$

$$?\ f_3 + \frac{\partial f_3}{\partial x_3} = \frac{\partial \cdot \left\{(1+\frac{N^2}{N_{01}}\sin^2(x_2))^{-1}\cdot(b_3u)\right\}}{\partial x_3}\Bigg|_{\substack{X=X_a\\u=0}} = \underline{\underline{0\cdot\Delta x}}_3$$

$$f_3 + \frac{\partial f_3}{\partial x_4} = \frac{\partial \cdot \left\{\beta(x_2)\cdot(a_{32}\sin(x_2)\cos(x_2)+a_{33}x_3+a_{34}\cos(x_2)x_4+a_{35}\sin(x_2)x_4^{\ 2}+b_3u)\right\}}{\partial x_4}\Bigg|_{\substack{X=X_a\\u=0}} \cdot \Delta x_4$$

$$f_3 + \frac{\partial f_3}{\partial x_4} = \frac{\partial \cdot \left\{\beta(x_2)\cdot(a_{32}\sin(x_2)\cos(x_2))\right\}}{\partial x_4}\Bigg|_{\substack{X=X_a\\u=0}} \cdot \Delta x_4$$

mit: $\beta(x_2) = (1+\frac{N^2}{N_{01}}\sin^2(x_2))^{-1}$

und ? $\mathbf{x_4}$: $$? \ f_3 + \frac{\partial f_3}{\partial x_4} = \left. \frac{\partial \cdot \left\{ (1 + \frac{N^2}{N_{01}} \sin^2(x_2))^{-1} \cdot (a_{32} \sin(x_2)\cos(x_2)) \right\}}{\partial x_4} \right|_{\substack{X=X_a \\ u=0}} = \underline{\underline{0 \cdot \Delta x}}_4$$

$$? \ f_3 + \frac{\partial f_3}{\partial x_4} = \left. \frac{\partial \cdot \left\{ (1 + \frac{N^2}{N_{01}} \sin^2(x_2))^{-1} \cdot (a_{33} x_3) \right\}}{\partial x_4} \right|_{\substack{X=X_a \\ u=0}} = \underline{\underline{0 \cdot \Delta x}}_4$$

$$? \ f_3 + \frac{\partial f_3}{\partial x_4} = \left. \frac{\partial \cdot \left\{ (1 + \frac{N^2}{N_{01}} \sin^2(x_2))^{-1} \cdot (a_{34} \cos(x_2) x_4) \right\}}{\partial x_4} \right|_{\substack{X=X_a \\ u=0}}$$

$$f_3 + \frac{\partial f_3}{\partial x_4} = \left. \frac{a_{34} \cos(x_2)}{1 + \frac{N^2}{N_{01}} \sin^2(x_2)} \right|_{\substack{X=X_a \\ u=0}} = \underline{\underline{a_{34} \cdot \Delta x}}_4$$

$$? \ f_3 + \frac{\partial f_3}{\partial x_4} = \left. \frac{\partial \cdot \left\{ (1 + \frac{N^2}{N_{01}} \sin^2(x_2))^{-1} \cdot (a_{35} \sin(x_2) x_4^2) \right\}}{\partial x_4} \right|_{\substack{X=X_a \\ u=0}}$$

$$f_3 + \frac{\partial f_3}{\partial x_4} = \left. \frac{2 \cdot a_{35} \sin(x_2) x_4}{1 + \frac{N^2}{N_{01}} \sin^2(x_2)} \right|_{\substack{X=X_a \\ u=0}} = \underline{\underline{0 \cdot \Delta x}}_4$$

$$? \ f_3 + \frac{\partial f_3}{\partial x_4} = \left. \frac{\partial \cdot \left\{ (1 + \frac{N^2}{N_{01}} \sin^2(x_2))^{-1} \cdot (b_3 u) \right\}}{\partial x_4} \right|_{\substack{X=X_a \\ u=0}} = \underline{\underline{0 \cdot \Delta x}}_4$$

$$f_3 + \frac{\partial f_3}{\partial u} = \left. \frac{\partial \cdot \left\{ \beta(x_2) \cdot (a_{32} \sin(x_2)\cos(x_2) + a_{33} x_3 + a_{34} \cos(x_2) x_4 + a_{35} \sin(x_2) x_4^2 + b_3 u) \right\}}{\partial u} \right|_{\substack{X=X_a \\ u=0}} \cdot \Delta u$$

$$f_3 + \frac{\partial f_3}{\partial u} = \left. \frac{\partial \cdot \left\{ \beta(x_2) \cdot (a_{32} \sin(x_2)\cos(x_2)) \right\}}{\partial u} \right|_{\substack{X=X_a \\ u=0}} \cdot \Delta u$$

mit: $$\beta(x_2) = (1 + \frac{N^2}{N_{01}} \sin^2(x_2))^{-1}$$

und ? $\mathbf{u}$: $$? \ f_3 + \frac{\partial f_3}{\partial u} = \left. \frac{\partial \cdot \left\{ (1 + \frac{N^2}{N_{01}} \sin^2(x_2))^{-1} \cdot (a_{32} \sin(x_2)\cos(x_2)) \right\}}{\partial u} \right|_{\substack{X=X_a \\ u=0}} = \underline{\underline{0 \cdot \Delta u}}$$

$$? \; f_3 + \frac{\partial f_3}{\partial u} = \frac{\partial \cdot \left\{ (1 + \frac{N^2}{N_{01}} \sin^2(x_2))^{-1} \cdot (a_{33} x_3) \right\}}{\partial u} \Bigg|_{\substack{X=X_a \\ u=0}} = \underline{\underline{0 \cdot \Delta u}}$$

$$? \; f_3 + \frac{\partial f_3}{\partial u} = \frac{\partial \cdot \left\{ (1 + \frac{N^2}{N_{01}} \sin^2(x_2))^{-1} \cdot (a_{34} \cos(x_2) x_4) \right\}}{\partial u} \Bigg|_{\substack{X=X_a \\ u=0}} = \underline{\underline{0 \cdot \Delta u}}$$

$$? \; f_3 + \frac{\partial f_3}{\partial u} = \frac{\partial \cdot \left\{ (1 + \frac{N^2}{N_{01}} \sin^2(x_2))^{-1} \cdot (a_{34} \cos(x_2) x_4) \right\}}{\partial u} \Bigg|_{\substack{X=X_a \\ u=0}} = \underline{\underline{0 \cdot \Delta u}}$$

$$? \; f_3 + \frac{\partial f_3}{\partial u} = \frac{\partial \cdot \left\{ (1 + \frac{N^2}{N_{01}} \sin^2(x_2))^{-1} \cdot (b_3 u) \right\}}{\partial u} \Bigg|_{\substack{X=X_a \\ u=0}}$$

$$f_3 + \frac{\partial f_3}{\partial u} = \frac{b_3}{1 + \frac{N^2}{N_{01}} \sin^2(x_2)} \Bigg|_{\substack{X=X_a \\ u=0}} = \underline{\underline{b_3 \cdot \Delta u}}$$

Die nach der Taylorreihe entwickelten Glieder führen entsprechend zur:

$$\underline{\underline{\dot{x}_3 = 0 \cdot \Delta x_1 + a_{32} \cdot \Delta x_2 + a_{33} \cdot \Delta x_3 + a_{34} \cdot \Delta x_4 + b_3 \cdot \Delta u}} \qquad \text{Systemgleichung 3.}$$

- **Funktion f_4:**

$$\dot{x}_4 = \beta(x_2) * (a_{42} \sin(x_2) + a_{43} \cos x_2 x_3 + a_{44} x_4 + a_{45} \cos x_2 \sin x_2 (x_4)^2 + b_4 \cos x_2 u) = \ddot{\Phi} = f_4(x, u)$$

mit den entsprechenden Abkürzungen der Formelausdrücke:

$$\dot{x}_3 = (1 + \frac{N^2}{N_{01}} \sin^2(x_2))^{-1} * (a_{42} \sin(x_2) + a_{43} \cos x_2 x_3 + a_{44} x_4 + a_{45} \cos x_2 \sin x_2 (x_4)^2 + b_4 \cos x_2 u)$$

zur Linearisierung in einer Taylorreihe entwickelt ergibt sich:

$$f(x_n) = f_4 + \frac{\partial f_4}{\partial x_1} + \frac{\partial f_4}{\partial x_2} + \frac{\partial f_4}{\partial x_3} + \frac{\partial f_4}{\partial x_4} + \frac{\partial f_4}{\partial u}$$

$$f_3 + \frac{\partial f_3}{\partial x_1} = \frac{\partial \cdot \left\{\beta(x_2) \cdot (a_{42}\sin(x_2) + a_{43}\cos x_2 x_3 + a_{44}x_4 + a_{45}\cos x_2 \sin x_2 (x_4)^2 + b_4 \cos x_2 u)\right\}}{\partial x_1}\Bigg|_{\substack{X=X_a \\ u=0}} \cdot \Delta x_1$$

$$f_3 + \frac{\partial f_3}{\partial x_1} = \frac{\partial \cdot \left\{\beta(x_2) \cdot (a_{42}\sin(x_2))\right\}}{\partial x_1}\Bigg|_{\substack{X=X_a \\ u=0}} \cdot \Delta x_1$$

mit: $\beta(x_2) = (1 + \frac{N^2}{N_{01}} \sin^2(x_2))^{-1}$

ergibt sich **? x₁**: ? $f_4 + \frac{\partial f_4}{\partial x_1} = \frac{\partial \cdot \left\{(1 + \frac{N^2}{N_{01}} \sin^2(x_2))^{-1} \cdot (a_{42}\sin(x_2))\right\}}{\partial x_1}\Bigg|_{\substack{X=X_a \\ u=0}} = \underline{\underline{0 \cdot \Delta x_1}}$

? $f_4 + \frac{\partial f_4}{\partial x_1} = \frac{\partial \cdot \left\{(1 + \frac{N^2}{N_{01}} \sin^2(x_2))^{-1} \cdot (a_{43}\cos x_2 x_3)\right\}}{\partial x_1}\Bigg|_{\substack{X=X_a \\ u=0}} = \underline{\underline{0 \cdot \Delta x_1}}$

? $f_4 + \frac{\partial f_4}{\partial x_1} = \frac{\partial \cdot \left\{(1 + \frac{N^2}{N_{01}} \sin^2(x_2))^{-1} \cdot (a_{44}x_4)\right\}}{\partial x_1}\Bigg|_{\substack{X=X_a \\ u=0}} = \underline{\underline{0 \cdot \Delta x_1}}$

? $f_4 + \frac{\partial f_4}{\partial x_1} = \frac{\partial \cdot \left\{(1 + \frac{N^2}{N_{01}} \sin^2(x_2))^{-1} \cdot (a_{45}\cos x_2 \sin x_2 (x_4)^2)\right\}}{\partial x_1}\Bigg|_{\substack{X=X_a \\ u=0}} = \underline{\underline{0 \cdot \Delta x_1}}$

? $f_4 + \frac{\partial f_4}{\partial x_1} = \frac{\partial \cdot \left\{(1 + \frac{N^2}{N_{01}} \sin^2(x_2))^{-1} \cdot (b_4 \cos x_2 u)\right\}}{\partial x_1}\Bigg|_{\substack{X=X_a \\ u=0}} = \underline{\underline{0 \cdot \Delta x_1}}$

$$f_4 + \frac{\partial f_4}{\partial x_2} = \frac{\partial \cdot \left\{\beta(x_2) \cdot (a_{42}\sin(x_2) + a_{43}\cos x_2 x_3 + a_{44}x_4 + a_{45}\cos x_2 \sin x_2 (x_4)^2 + b_4 \cos x_2 u)\right\}}{\partial x_2}\Bigg|_{\substack{X=X_a \\ u=0}} \cdot \Delta x_2$$

$$f_4 + \frac{\partial f_4}{\partial x_2} = \frac{\partial \cdot \left\{\beta(x_2) \cdot (a_{32} a_{43}\cos x_2 x_3)\right\}}{\partial x_2}\Bigg|_{\substack{X=X_a \\ u=0}} \cdot \Delta x_2$$

mit: $\beta(x_2) = (1 + \frac{N^2}{N_{01}} \sin^2(x_2))^{-1}$

und **? x₂**:

$$? \; f_4 + \frac{\partial f_4}{\partial x_2} = \left. \frac{\partial \cdot \left\{ (1 + \frac{N^2}{N_{01}} \sin^2(x_2))^{-1} \cdot (a_{42} \sin(x_2)) \right\}}{\partial x_2} \right|_{\substack{X=X_a \\ u=0}}$$

$$f_4 + \frac{\partial f_4}{\partial x_2} = \left. \frac{a_{42} \cdot \cos(x_2) \cdot (1 + \frac{N^2}{N_{01}} \cdot \sin^2(x_2)) - a_{42} \cdot \sin(x_2) \cdot \frac{N^2}{N_{01}} \cdot 2 \cdot \sin(x_2) \cdot \cos(x_2)}{\left(1 + \frac{N^2}{N_{01}} \cdot \sin^2(x_2)\right)^2} \right|_{\substack{X=Xa \\ u=0}} = \underline{\underline{a_{42} \cdot \Delta x_2}}$$

$$? \; f_4 + \frac{\partial f_4}{\partial x_2} = \left. \frac{\partial \cdot \left\{ (1 + \frac{N^2}{N_{01}} \sin^2(x_2))^{-1} \cdot (a_{43} \cos x_2 x_3) \right\}}{\partial x_2} \right|_{\substack{X=X_a \\ u=0}}$$

$$f_4 + \frac{\partial f_4}{\partial x_2} = \left. \frac{-a_{43} \cdot \sin(x_2) \cdot x_3 \cdot (1 + \frac{N^2}{N_{01}} \cdot \sin^2(x_2)) - a_{43} \cdot \cos(x_2) \cdot x_3 \cdot \frac{N^2}{N_{01}} \cdot 2 \cdot \sin(x_2) \cdot \cos(x_2)}{\left(1 + \frac{N^2}{N_{01}} \cdot \sin^2(x_2)\right)^2} \right|_{\substack{X=Xa \\ u=0}} = \underline{\underline{0 \cdot \Delta x_2}}$$

$$? \; f_4 + \frac{\partial f_4}{\partial x_2} = \left. \frac{\partial \cdot \left\{ (1 + \frac{N^2}{N_{01}} \sin^2(x_2))^{-1} \cdot (a_{44} x_4) \right\}}{\partial x_2} \right|_{\substack{X=X_a \\ u=0}}$$

$$f_4 + \frac{\partial f_4}{\partial x_2} = \left. \frac{-2 \cdot \sin(x_2) \cdot \cos(x_2) \cdot \frac{N^2}{N_{01}} \cdot x_4 \cdot a_{44}}{\left(\sin^2 x_2 \cdot \frac{N^2}{N_{01}} + 1\right)^2} \right|_{\substack{X=X_a \\ u=0}} = \underline{\underline{0 \cdot \Delta x_2}}$$

$$? \; f_4 + \frac{\partial f_4}{\partial x_2} = \left. \frac{\partial \cdot \left\{ (1 + \frac{N^2}{N_{01}} \sin^2(x_2))^{-1} \cdot (a_{45} \cos x_2 \sin x_2 (x_4)^2) \right\}}{\partial x_2} \right|_{\substack{X=X_a \\ u=0}}$$

$$f_4 + \frac{\partial f_4}{\partial x_2} = \left. \frac{\left(2 \cdot \cos^2(x_2) - \sin^2(x_2) \cdot \frac{N^2}{N^2_{01}} - 1\right) \cdot (x_4)^2 \cdot a_{45}}{\left(\sin^2 x_2 \cdot \frac{N^2}{N_{01}} + 1\right)^2} \right|_{\substack{X=X_a \\ u=0}} = \underline{\underline{0 \cdot \Delta x_2}}$$

$$? \; f_4 + \frac{\partial f_4}{\partial x_2} = \left. \frac{\partial \cdot \left\{ (1 + \frac{N^2}{N_{01}} \sin^2(x_2))^{-1} \cdot (b_4 \cos x_2 u) \right\}}{\partial x_2} \right|_{\substack{X=X_a \\ u=0}}$$

$$f_4 + \frac{\partial f_4}{\partial x_2} = \left. \frac{-b_4 \cdot \sin(x_2) \cdot u \cdot (1 + \frac{N^2}{N_{01}} \cdot \sin^2(x_2)) - b_4 \cdot \cos(x_2) \cdot u \cdot \frac{N^2}{N_{01}} \cdot 2 \cdot \sin(x_2) \cdot \cos(x_2)}{\left(1 + \frac{N^2}{N_{01}} \cdot \sin^2(x_2)\right)^2} \right|_{\substack{X=Xa \\ u=0}} = \underline{\underline{0 \cdot \Delta x_2}}$$

$$f_4 + \frac{\partial f_4}{\partial x_3} = \frac{\partial \cdot \{\beta(x_2) \cdot (a_{42}\sin(x_2) + a_{43}\cos x_2 x_3 + a_{44}x_4 + a_{45}\cos x_2 \sin x_2 (x_4)^2 + b_4 \cos x_2 u)\}}{\partial x_3}\Bigg|_{\substack{X=X_a \\ u=0}} \cdot \Delta x_3$$

$$f_4 + \frac{\partial f_4}{\partial x_3} = \frac{\partial \cdot \{\beta(x_2) \cdot (a_{32}a_{43}\cos x_2 x_3)\}}{\partial x_3}\Bigg|_{\substack{X=X_a \\ u=0}} \cdot \Delta x_3$$

mit: $\beta(x_2) = (1 + \frac{N^2}{N_{01}}\sin^2(x_2))^{-1}$

und **? x₃**: $? \ f_4 + \frac{\partial f_4}{\partial x_3} = \frac{\partial \cdot \left\{(1 + \frac{N^2}{N_{01}}\sin^2(x_2))^{-1} \cdot (a_{42}\sin(x_2))\right\}}{\partial x_3}\Bigg|_{\substack{X=X_a \\ u=0}} = \underline{\underline{0 \cdot \Delta x_3}}$

$$? \ f_4 + \frac{\partial f_4}{\partial x_3} = \frac{\partial \cdot \left\{(1 + \frac{N^2}{N_{01}}\sin^2(x_2))^{-1} \cdot (a_{43}\cos x_2 x_3)\right\}}{\partial x_3}\Bigg|_{\substack{X=X_a \\ u=0}}$$

$$f_4 + \frac{\partial f_4}{\partial x_3} = \frac{a_{43}\cos(x_2)}{1 + \frac{N^2}{N_{01}}\sin^2(x_2)}\Bigg|_{\substack{X=X_a \\ u=0}} = \underline{\underline{a_{43} \cdot \Delta x_3}}$$

$$? \ f_4 + \frac{\partial f_4}{\partial x_3} = \frac{\partial \cdot \left\{(1 + \frac{N^2}{N_{01}}\sin^2(x_2))^{-1} \cdot (a_{44}x_4)\right\}}{\partial x_3}\Bigg|_{\substack{X=X_a \\ u=0}} = \underline{\underline{0 \cdot \Delta x_3}}$$

$$? \ f_4 + \frac{\partial f_4}{\partial x_3} = \frac{\partial \cdot \left\{(1 + \frac{N^2}{N_{01}}\sin^2(x_2))^{-1} \cdot (a_{45}\cos x_2 \sin x_2 (x_4)^2)\right\}}{\partial x_3}\Bigg|_{\substack{X=X_a \\ u=0}} = \underline{\underline{0 \cdot \Delta x_3}}$$

$$? \ f_4 + \frac{\partial f_4}{\partial x_3} = \frac{\partial \cdot \left\{(1 + \frac{N^2}{N_{01}}\sin^2(x_2))^{-1} \cdot (b_4 \cos x_2 u)\right\}}{\partial x_3}\Bigg|_{\substack{X=X_a \\ u=0}} = \underline{\underline{0 \cdot \Delta x_3}}$$

$$f_4 + \frac{\partial f_4}{\partial x_4} = \frac{\partial \cdot \{\beta(x_2) \cdot (a_{42}\sin(x_2) + a_{43}\cos x_2 x_3 + a_{44}x_4 + a_{45}\cos x_2 \sin x_2 (x_4)^2 + b_4 \cos x_2 u)\}}{\partial x_4}\Bigg|_{\substack{X=X_a \\ u=0}} \cdot \Delta x_4$$

$$f_4 + \frac{\partial f_4}{\partial x_4} = \frac{\partial \cdot \{\beta(x_2) \cdot (a_{32}a_{43}\cos x_2 x_3)\}}{\partial x_4}\Bigg|_{\substack{X=X_a \\ u=0}} \cdot \Delta x_4$$

mit: $\beta(x_2) = (1 + \frac{N^2}{N_{01}}\sin^2(x_2))^{-1}$

und **? x4**: $$? \; f_4 + \frac{\partial f_4}{\partial x_4} = \frac{\partial \cdot \left\{ (1 + \frac{N^2}{N_{01}} \sin^2(x_2))^{-1} \cdot (a_{42} \sin(x_2)) \right\}}{\partial x_4} \Bigg|_{\substack{X=X_a \\ u=0}} = \underline{\underline{0 \cdot \Delta x}}_4$$

$$? \; f_4 + \frac{\partial f_4}{\partial x_4} = \frac{\partial \cdot \left\{ (1 + \frac{N^2}{N_{01}} \sin^2(x_2))^{-1} \cdot (a_{43} \cos x_2 x_3) \right\}}{\partial x_4} \Bigg|_{\substack{X=X_a \\ u=0}} = \underline{\underline{0 \cdot \Delta x}}_4$$

$$? \; f_4 + \frac{\partial f_4}{\partial x_4} = \frac{\partial \cdot \left\{ (1 + \frac{N^2}{N_{01}} \sin^2(x_2))^{-1} \cdot (a_{44} x_4) \right\}}{\partial x_4} \Bigg|_{\substack{X=X_a \\ u=0}}$$

$$f_4 + \frac{\partial f_4}{\partial x_4} = \frac{a_{44}}{\left(\frac{N^2}{N_{01}} \cdot \sin^2(x) + 1 \right)^2} \Bigg|_{\substack{X=X_a \\ u=0}} = \underline{\underline{a_{44} \cdot \Delta x}}_4$$

$$? \; f_4 + \frac{\partial f_4}{\partial x_4} = \frac{\partial \cdot \left\{ (1 + \frac{N^2}{N_{01}} \sin^2(x_2))^{-1} \cdot (a_{45} \cos x_2 \sin x_2 (x_4)^2) \right\}}{\partial x_4} \Bigg|_{\substack{X=X_a \\ u=0}}$$

$$f_4 + \frac{\partial f_4}{\partial x_4} = \frac{2 \cdot a_{45} \sin(x_2) \cdot \cos(x_2) \cdot x_4}{1 + \frac{N^2}{N_{01}} \sin^2(x_2)} \Bigg|_{\substack{X=X_a \\ u=0}} = \underline{\underline{0 \cdot \Delta x}}_4$$

$$? \; f_4 + \frac{\partial f_4}{\partial x_4} = \frac{\partial \cdot \left\{ (1 + \frac{N^2}{N_{01}} \sin^2(x_2))^{-1} \cdot (b_4 \cos x_2 u) \right\}}{\partial x_4} \Bigg|_{\substack{X=X_a \\ u=0}} = \underline{\underline{0 \cdot \Delta x}}_4$$

$$f_4 + \frac{\partial f_4}{\partial u} = \frac{\partial \cdot \left\{ \beta(x_2) \cdot (a_{42} \sin(x_2) + a_{43} \cos x_2 x_3 + a_{44} x_4 + a_{45} \cos x_2 \sin x_2 (x_4)^2 + b_4 \cos x_2 u) \right\}}{\partial u} \Bigg|_{\substack{X=X_a \\ u=0}} \cdot \Delta u$$

$$f_4 + \frac{\partial f_4}{\partial u} = \frac{\partial \cdot \left\{ \beta(x_2) \cdot (a_{32} a_{43} \cos x_2 x_3) \right\}}{\partial u} \Bigg|_{\substack{X=X_a \\ u=0}} \cdot \Delta u$$

mit: $$\beta(x_2) = (1 + \frac{N^2}{N_{01}} \sin^2(x_2))^{-1}$$

und **?u**: $$? \; f_4 + \frac{\partial f_4}{\partial u} = \frac{\partial \cdot \left\{ (1 + \frac{N^2}{N_{01}} \sin^2(x_2))^{-1} \cdot (a_{42} \sin(x_2)) \right\}}{\partial u} \Bigg|_{\substack{X=X_a \\ u=0}} = \underline{\underline{0 \cdot u}}$$

$$? \; f_4 + \frac{\partial f_4}{\partial u} = \frac{\partial \cdot \left\{ (1 + \frac{N^2}{N_{01}} \sin^2(x_2))^{-1} \cdot (a_{43} \cos x_2 x_3) \right\}}{\partial u} \Bigg|_{\substack{X=X_a \\ u=0}} = \underline{\underline{0 \cdot \Delta u}}$$

$$? \; f_4 + \frac{\partial f_4}{\partial u} = \frac{\partial \cdot \left\{ (1 + \frac{N^2}{N_{01}} \sin^2(x_2))^{-1} \cdot (a_{44} x_4) \right\}}{\partial u} \Bigg|_{\substack{X=X_a \\ u=0}} = \underline{\underline{0 \cdot \Delta u}}$$

$$? \; f_4 + \frac{\partial f_4}{\partial u} = \frac{\partial \cdot \left\{ (1 + \frac{N^2}{N_{01}} \sin^2(x_2))^{-1} \cdot (a_{45} \cos x_2 \sin x_2 (x_4)^2) \right\}}{\partial u} \Bigg|_{\substack{X=X_a \\ u=0}} = \underline{\underline{0 \cdot \Delta u}}$$

$$? \; f_4 + \frac{\partial f_4}{\partial u} = \frac{\partial \cdot \left\{ (1 + \frac{N^2}{N_{01}} \sin^2(x_2))^{-1} \cdot (b_4 \cos x_2 u) \right\}}{\partial u} \Bigg|_{\substack{X=X_a \\ u=0}}$$

$$f_4 + \frac{\partial f_4}{\partial u} = \frac{b_4 \cos x_2}{1 + \frac{N^2}{N_{01}} \sin^2(x_2)} \Bigg|_{\substack{X=X_a \\ u=0}} = \underline{\underline{b_4 \cdot \Delta u}}$$

Die nach der Taylorreihe entwickelten Glieder führen entsprechend zur:

$$\underline{\underline{\dot{x}_4 = 0 \cdot \Delta x_1 + a_{42} \cdot \Delta x_2 + a_{43} \cdot \Delta x_3 + a_{44} \cdot \Delta x_4 + b_4 \cdot \Delta u}}$$ Systemgleichung 4.

Es folgen also alle 4 linearisierten Systemgleichungen zu mit den entsprechenden Abkürzungen:

$$\dot{x}_1 = 0 \cdot \Delta x_1 + 0 \cdot \Delta x_2 + 1 \cdot \Delta x_3 + 0 \cdot \Delta x_4 + 0 \cdot \Delta u$$
$$\dot{x}_2 = 0 \cdot \Delta x_1 + 0 \cdot \Delta x_2 + 1 \cdot \Delta x_3 + 0 \cdot \Delta x_4 + 0 \cdot \Delta u$$
$$\dot{x}_3 = 0 \cdot \Delta x_1 + a_{32} \cdot \Delta x_2 + a_{33} \cdot \Delta x_3 + a_{34} \cdot \Delta x_4 + b_3 \cdot \Delta u$$
$$\dot{x}_4 = 0 \cdot \Delta x_1 + a_{42} \cdot \Delta x_2 + a_{43} \cdot \Delta x_3 + a_{44} \cdot \Delta x_4 + b_4 \cdot \Delta u$$

2.2 Andere Methode der Linearisierung und entsprechende Durchführung ...

Außer der Taylorreihenentwicklung kann das ursprüngliche nichtlineare System, folgendermaßen an ein lineares System approximiert werden. Durch das Anlegen einer Tangente am Arbeitspunkt erfolgt eine Linearisierung für einen kleinen Bereich um diesen Punkt herum. Weiterhin kann ausser der Möglichkeit der Einzelbetrachtung mittels partieller Ableitungen durch die Taylorreihenentwicklung (unter 2.1 durchgeführt), eine Vereinfachung der durch das System beschriebenen trigonometrischen Funktion für kleine Winkel durchgeführt werden.

Dabei gelten die Grundbedingungen, die eine Annäherung an die realen Werte darstellen für sehr kleine Winkel:

$\sin x = x$

$\cos x = 1$

Für kleine Änderung in ?x ergeben sich die gleichen 4 Systemgleichungen wie unter 2.1 mittels Taylorreihenentwicklung hergeleitet wurden.

$$\dot{x}_1 = 0 \cdot \Delta x_1 + 0 \cdot \Delta x_2 + 1 \cdot \Delta x_3 + 0 \cdot \Delta x_4 + 0 \cdot \Delta u$$

$$\dot{x}_2 = 0 \cdot \Delta x_1 + 0 \cdot \Delta x_2 + 1 \cdot \Delta x_3 + 0 \cdot \Delta x_4 + 0 \cdot \Delta u$$

$$\dot{x}_3 = 0 \cdot \Delta x_1 + a_{32} \cdot \Delta x_2 + a_{33} \cdot \Delta x_3 + a_{34} \cdot \Delta x_4 + b_3 \cdot \Delta u$$

$$\dot{x}_4 = 0 \cdot \Delta x_1 + a_{42} \cdot \Delta x_2 + a_{43} \cdot \Delta x_3 + a_{44} \cdot \Delta x_4 + b_4 \cdot \Delta u$$

Als Beispiel wird dies exemplarisch nun für $\dot{x}_3$ mit einer kleinen Änderung in Richtung x_3 an der Stelle Δx_3 durchgeführt:

$$\dot{x}_3 = (1 + \frac{N^2}{N_{01}} \sin^2(x_2))^{-1} \cdot (a_{32} \sin(x_2)\cos(x_2) + a_{33}x_3 + a_{34}\cos(x_2)x_4 + a_{35}\sin(x_2)x_4^2 + b_3 u)$$

$$\dot{x}_3 = (1 + \frac{N^2}{N_{01}} (x_2)^2)^{-1} \cdot (a_{32} \cdot x_2 \cdot 1 + a_{33}x_3 + a_{34} \cdot 1 \cdot x_4 + a_{35} \cdot x_2 \cdot x_4^2 + b_3 \cdot u)$$

$$\dot{x}_3 = (1 + \frac{N^2}{N_{01}} (0)^2)^{-1} \cdot (a_{32} \cdot 0 \cdot 1 + a_{33}x_3 + a_{34} \cdot 1 \cdot 0 + a_{35} \cdot 0 \cdot 0 + b_3 \cdot 0)$$

$$\underline{\underline{\dot{x}_3 = a_{33} \cdot \Delta x_3}}$$

Wie bereits beschrieben entstehen so dieselben linearisierten DGLs wie unter **2.1.** Nun kann unter **3.** das System im Zustandsraum entsprechend beschrieben werden.

3. Beschreibung des Systems im Zustandsraum

Mit den aufgestellten Differentialgleichung lässt sich durch Ersetzung von Δx durch x und Δu durch u die folgende Zustandsraumdarstellung für das inv. Pendel beschreiben:

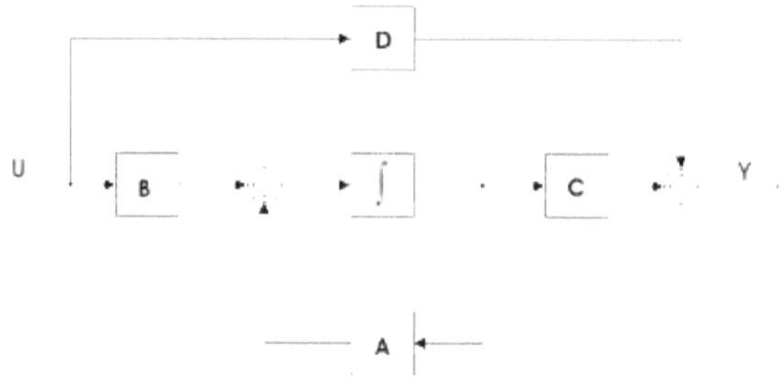

mit dem Zustandsvektor (I) $\dot{x} = Ax + Bu$

$$\begin{bmatrix} \dot{x}_1 \\ \dot{x}_2 \\ \dot{x}_3 \\ \dot{x}_4 \end{bmatrix} = \begin{bmatrix} 0 & 0 & 1 & 0 \\ 0 & 0 & 0 & 1 \\ 0 & a_{32} & a_{33} & a_{34} \\ 0 & a_{42} & a_{43} & a_{44} \end{bmatrix} * \begin{bmatrix} x_1 \\ x_2 \\ x_3 \\ x_4 \end{bmatrix} + \begin{bmatrix} 0 \\ 0 \\ b_3 \\ b_4 \end{bmatrix} u$$

für

$$a_{32} = -\frac{N^2 \cdot g}{N_{01}^{\ 2}}, \quad a_{33} = -\frac{\Theta \cdot F_r}{N_{01}^{\ 2}}, \quad a_{34} = \frac{N \cdot C}{N_{01}^{\ 2}}, \quad b_3 = \frac{\Theta}{N_{01}^{\ 2}}$$

$$a_{42} = \frac{MN \cdot g}{N_{01}^{\ 2}}, \quad a_{43} = \frac{N \cdot F_r}{N_{01}^{\ 2}}, \quad a_{44} = -\frac{M \cdot C}{N_{01}^{\ 2}}, \quad b_4 = -\frac{N}{N_{01}^{\ 2}}$$

und die entsprechenden Werte aus der Versuchsanleitung eingesetzt lässt sich der Zustandvektor mit der fertigen System- und Steuermatrix berechnen:

$$\begin{bmatrix} \dot{x}_1 \\ \dot{x}_2 \\ \dot{x}_3 \\ \dot{x}_4 \end{bmatrix} = \begin{bmatrix} 0 & 0 & 1/s & 0 \\ 0 & 0 & 0 & 1/s \\ 0 & -0.88\ m/s^2 & -1.915\ 1/s & 0.0056\ m/s \\ 0 & 21.473\ 1/s^2 & 3.85\ 1/(ms) & -0.136\ 1/s \end{bmatrix} * \begin{bmatrix} x_1 \\ x_2 \\ x_3 \\ x_4 \end{bmatrix} + \begin{bmatrix} 0 \\ 0 \\ 0.30882\ m/(s^2V) \\ -0.62032\ 1/(s^2V) \end{bmatrix} u$$

Als Ausgangsvektor (II) $y = Cx + Du$

ergibt sich für

$$y = \begin{bmatrix} 1 & 0 & 0 & 0 \\ 0 & 1 & 0 & 0 \\ 0 & 0 & 1 & 0 \\ 0 & 0 & 0 & 0 \end{bmatrix} * \begin{bmatrix} x_1 \\ x_2 \\ x_3 \\ x_4 \end{bmatrix}$$

mit D = 0.

4. Systemuntersuchung Stabilität, Beobachtbarkeit & Steuerbarkeit

4.1 Stabilitätsuntersuchung mittel Polstellen des Systems ...

Die Eigenwerte der Systemmatrix A sind die Pole der Übertragungsfunktion des Systems. Die Determinante det(sI-A) ist also das charakteristische Polynom des Systems und bestimmt somit die Stabilität des selbigen.

Unter der Stäbilität des Systems, versteht man das ein lineares System von jedem Anfangszustand x(t=0) ohne äußere Anregung in den Zustand x(t? 8)=0 übergehen muss.

Die Berechnung der Eigenwerte einer Matrix erfolgt im Matlab mittels des Befehls **eig()**.

Das unter **3.** aufgestellte System besitzt also folgende mittels Matlab berechnete Polstellen:

$s_{01}= 0$ $s_{02}= 4.5108$ $s_{03}= -4.8299$ $s_{04}= -1.7319$

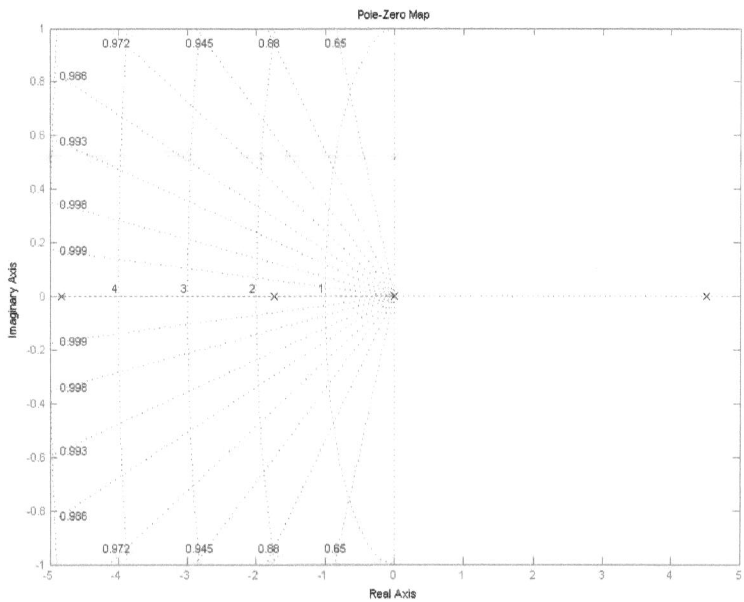

Die Polstellen liegen alle auf der reellen Achse. Da die Polstelle s_{02} rechts der imaginären Achse liegt ist das gesamte System instabil.

4.2 Steuerbarkeit und Beobachtbarkeit ...

Bei der Regelung durch Zustandsrückführung werden alle Zustandvariablen auf den Eingang zurückgeführt, was voraussetzt, dass alle Zustandsvariablen erfasst werden können. Es muss also eine Eingangsgröße u existieren, so dass sich die Zustandsvariablen von einem Anfangszustand auf die gewünschten Prozesszustände einstellen lassen. Das zu regelnde System muss entsprechend vollständig steuerbar und beobachtbar sein.

Die Bedingungen dafür sind:

- das ein System nur dann steuerbar ist, wenn die Spalten der n x n Steuerbarkeitsmatrix Q_S linear unabhängig sind,

  $$\det Q_S = \det\left[B, A \cdot B, A^2 \cdot B, A^3 \cdot B\right] \neq 0$$

  bzw. wenn der Rang von Q_S gleich n ist: rank $Q_S = n$

- und das ein System nur dann beobachtbar ist, wenn die Zeilen der n x n Beobachtbarkeitsmatrix Q_B linear unabhängig sind,

  $$\det Q_B = \det\begin{bmatrix} C \\ C \cdot A \\ C \cdot A^2 \\ C \cdot A^3 \end{bmatrix} \neq 0$$

  bzw. wenn der Rang von Q_B gleich n ist: rank $Q_B = n$

Angewandt auf unser System ergibt sich somit aus:

$\det Q_S = -14{,}2497 \neq 0$

rank $Q_S = 4$

$\det Q_B$ kann nicht berechnet werden, da ihre Matrix nicht quadratisch ist

rank $Q_B = 4$

eine vollständige Steuerbarkeit und Beobachtbarkeit des zu regelnden Modells.

5. Reglerentwurf durch Zustandsrückführung

Nachdem das System auf Steuerbarkeit und Beobachtbarkeit geprüft wurde, kann jetzt durch vollständige Rückführung der Zustandsvariablen eine Regelung entworfen werden. Diese werden über ein Proportionalglied (K) auf den Eingang zurückgeführt, wie in folgender Abbildung dargestellt. Die Rückführung der Zustandsvariablen mittels Zustandsregler wird einem Proportionalelement (K) zugeführt. Als Folge tritt eine stationäre Regelabweichung auf. Daher muss die überlagerte Steuerungsfunktion mit w über einen Vorfilter geführt werden. Dieser Vorfilter realisiert also eine Veränderung des Sollwertes, so dass keine bleibende Regelabweichung entsteht.

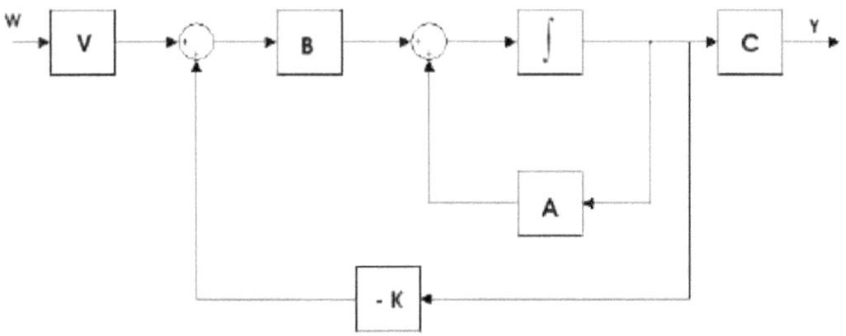

Ein Regler kann nun über verschiedene Verfahren realisiert werden. Die möglichen Verfahren zum Entwurf eines Reglers sind Reglerentwurf durch Polvorgabe oder die Minimierung der quadratischen Regelfläche (LQ-Regelung)

Im Folgenden soll nun ein Regler mittels Polvorgabe entworfen werden.
Dazu müssen zunächst die Eigenwerte der neuen Systemmatrix des geschlossenen Regelkreises (A_G) so gewählt werden, dass sie links der imaginären Achse liegen.
Die Zustandsgleichung des geschlossenen Regelkreises lautet in allgemeiner Form:

$$\dot{x} = \underbrace{(A - BK)}_{A_G}x + \underbrace{BV}_{B_G}w$$

$$A_G = (A - BK) \qquad \text{mit:} \quad |sI - A_G| = 0 = (s-\lambda_1)(s-\lambda_2)(s-\lambda_3)(s-\lambda_4)$$

für die von uns gewählten Pole $\lambda_1 = -1, \lambda_2 = -2, \lambda_3 = -3, \lambda_4 = -4$

ergibt sich somit im Matlab die Reglermatrix K mit
:

$$\underline{\underline{K = [-3{,}94 \quad -93{,}55 \quad -14{,}46 \quad -20{,}01]}}$$ Reglermatrix

Nun muss nur noch die Regelabweichung mittels eines entsprechenden Vorfilters beseitigt werden:

$$V = \frac{1}{C_R[BK - A]^{-1}B}$$

$$C_R = [1 \quad 0 \quad 0 \quad 0]$$

$$\underline{\underline{V = -3{,}94}}$$ Vorfilter

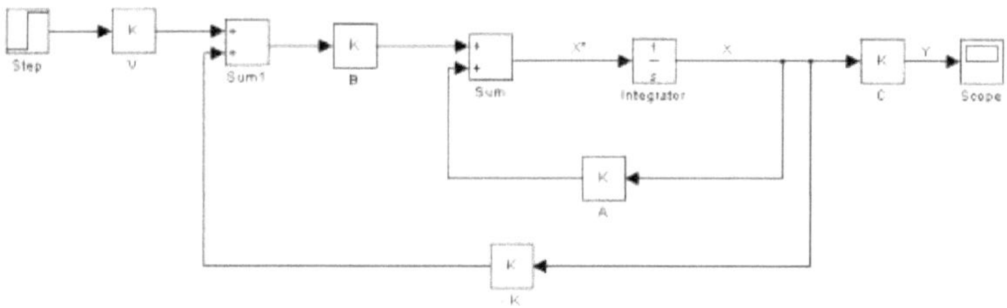

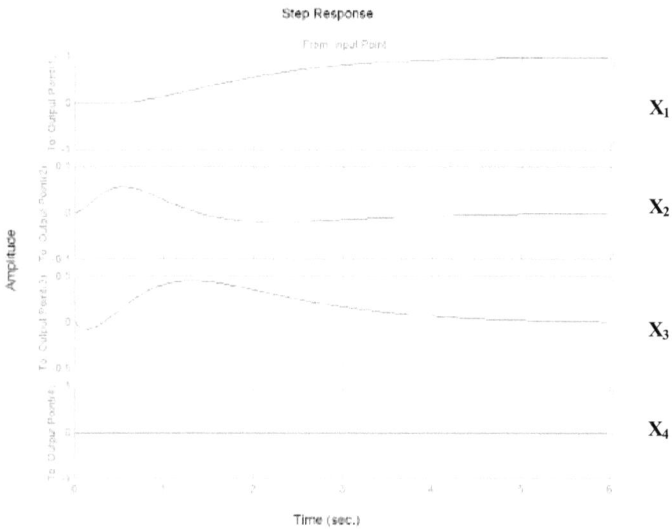

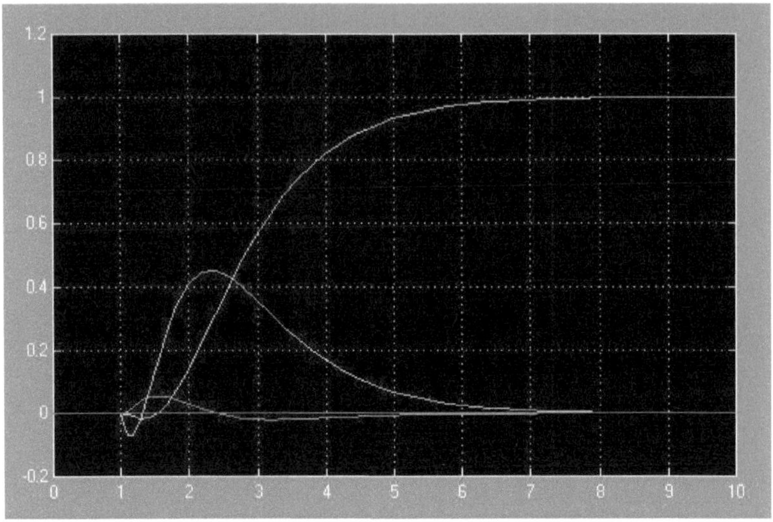

Durch die Regelung mittels Zustandsrückführung ist es gelungen ein stabiles System mit stationärem Endwertverhalten zu realisieren.

Durch eine weitere Links- Verschiebung der Pole auf der reellen Achse (Entfernung von der imaginären Achse), könnte das System noch schneller den stationären Zustand erreichen. Um dies zu realisieren ist allerdings mehr Stellenergie nötig, die das System gegebenenfalls nicht aufbringen könnte.

6. Entwicklung eines Zustandsbeobachters

Bisher wurden alle Zustände durch Messung des Ausgangssignals als bekannt angenommen. Dies ist allerdings in der Praxis nicht der Fall, da die Winkelgeschwindigkeit nicht messtechnisch erfasst wird. Um allerdings eine Regelung realisieren zu können, muss diese Größe bekannt sein. Diese wird durch Beobachtung des Systems errechnet. Dazu wird das reale System im Zustandsraum simuliert und über einen Beobachter (L) an das reale System angeglichen. (LUENBERGER Beobachter)

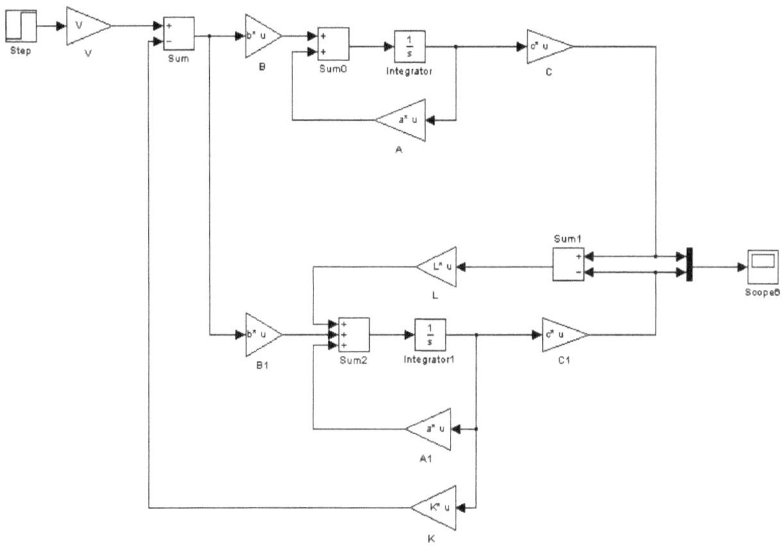

Anhand der Eigenwerte des Systems mit Regler (A - BK) lassen sich die neuen Polstellen des Beobachters (2 bis 10 mal so groß wie die Eigenwerte des geschlossenen Regelkreises) ableiten. Dies ist nötig um den Beobachter schneller als den Regler zu machen. (Polstellen weiter links)

Wir wählten für den Beobachter folgende Polstellen:

b_{01}= -20 b_{02}= -21 b_{03}= -22 b_{04}= -23

Zum Entwurf der Beobachtermatrix L, kann nun wie beim Entwurf des Zustandsreglers mittels Zustandsrückführung vorgegangen werden.

Der Beobachter L wir also im Matlab folgendermaßen errechnet:

$$L = place\ (A',C',\ [b_{01}\ b_{02}\ b_{03}\ b_{04}])'$$

Im Folgenden werden nun verschiedene Möglichkeiten der Beobachterrealisierung durchgeführt. Dabei werden die messbaren Größen des Winkels f , der Position r und der Geschwindigkeit v verwendet.

6.1. Zustandsbeobachter für Position r, Winkel f & Geschwindigkeit v ...

Bevor für das System ein Beobachter entwickelt werden kann, muss die Beobachtbarkeit geprüft werden. Dies geschieht mit Hilfe der Beobachtbarkeitsmatrix Q_B: rank $Q_B = 4$ → beobachtbar

Im Folgenden die simulierten Sprungantworten der Systemzustandsgrößen:

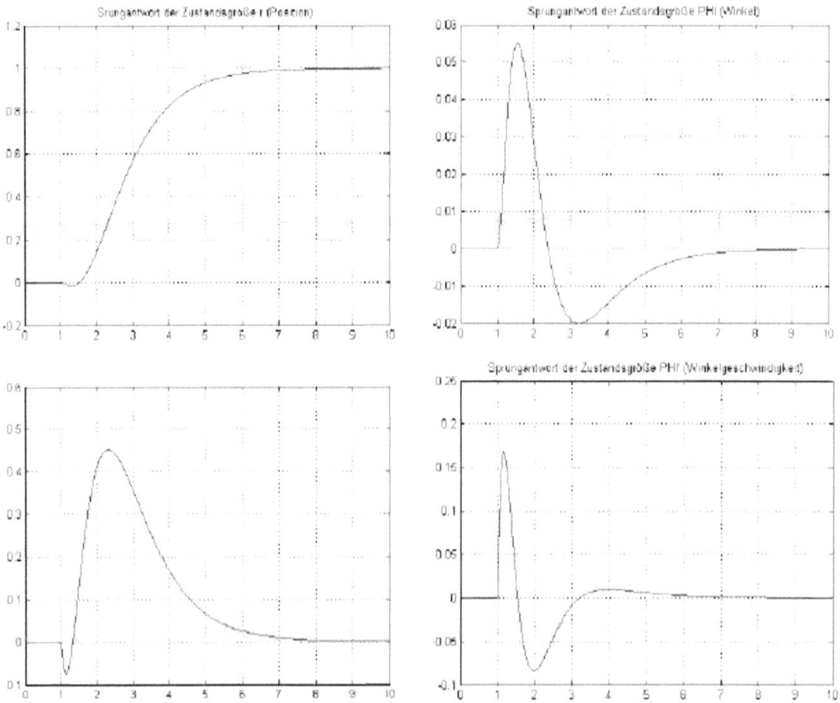

6.2. Zustandsbeobachter für Position r & Winkel f ...

Bevor für das neue System ein Zustandsbeobachter entwickelt wird, muss nun erneut die Beobachtbarkeit geprüft werden. Dies geschieht wieder mit Hilfe der Beobachtbarkeitsmatrix Q_B: rank $Q_B = 4$ → beobachtbar

Für die Sprungantworten ergeben sich dieselben Verläufe wie beim Zustandsbeobachter in **6.1.**:

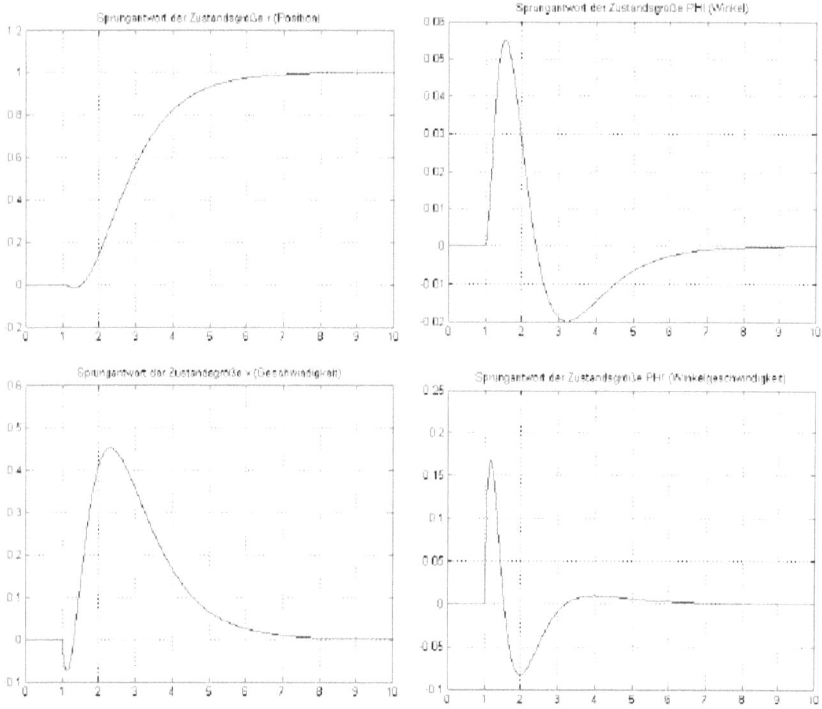

6.3. Zustandsbeobachter für Winkel f & Geschwindigkeit v ...

Auch hier wird das neue System auf Beobachtbarkeit geprüft, bevor ein Beobachter entwickelt werden kann. Die Rangbestimmung der Beobachtbarkeitsmatrix Q_B ergibt:

rank $Q_B = 3$ → nicht beobachtbar

Ein Zustandsbeobachter mit dieser Ausgangsmatrix ist also nicht realisierbar, da das System so nicht beobachtbar ist.

6.4. Zustandsbeobachter für Position r & Geschwindigkeit v ...

Auch für die letzte Ausgangsmatrix muss überprüft werden, ob eine Beobachtbarkeit der vorgegebenen Größen umsetzbar ist.

Rang der Beobachtbarkeitsmatrix Q_B: rank $Q_B = 4$ → beobachtbar

Für die Sprungantworten ergeben sich mittels Beobachtung dieselben Verläufe wie beim Zustandsbeobachter in **6.1.** und in **6.2.**:

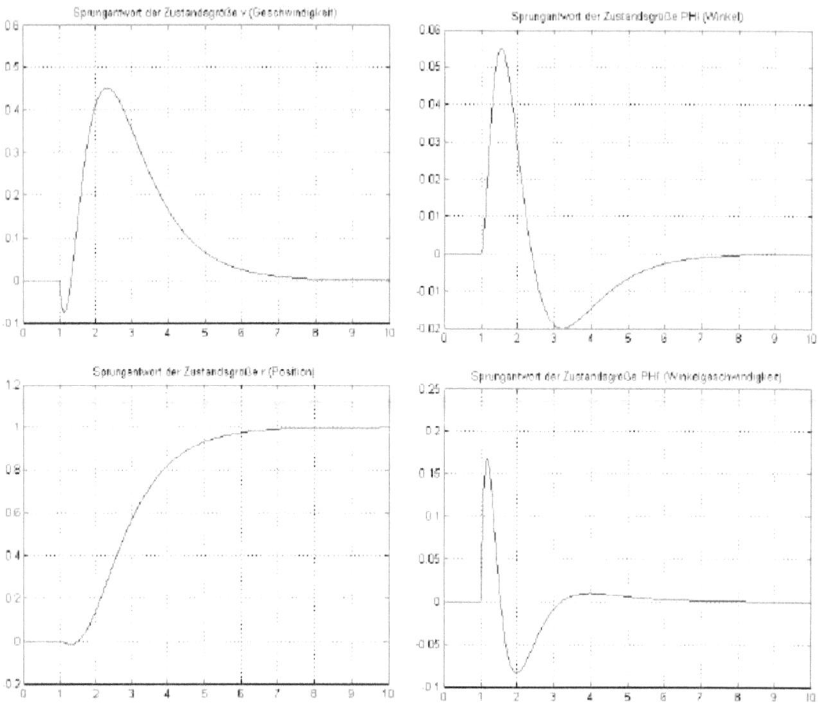

7. Vorteile eines Störgrößenbeobachters

Vorteile eines Störgrößenbeobachters:

Die Wirkungen von Regelungen kann wesentlich verbessert werden, wenn die Struktur des Regelkreises erweitert wird. Bewährt haben sich dabei in der Praxis vor allem die Störgrößenaufschaltung, die Regelung mit Hilfsgröße beziehungsweise Hilfsstellregelung und die Kaskadenregelung.

Im Allgemeinen wird in der Regelungstechnik die Information für den Regler durch die Messung der Ausgangsgröße der Strecke gewonnen.

Dabei sind einkoppelnde Störungen nur langsam erfassbar und damit nur langsam ausregelbar. Die Einkoppelstelle ist dabei ein Teil der Regelstrecke an der auch die Messstelle realisiert werden muss.

Eine Verbesserung der Regelung ist somit möglich, wenn die Störung gemessen, ihr Einfluss auf die Regelstrecke beschreibbar, und die Ausregelung der Störung ohne Zeitverzögerung möglich ist.

Realisierung des Störgrößenbeobachters:

Zur Realisierung des Störgrößenbeobachters muss ein entsprechendes Störgrößenmodell aufgestellt werden. Dabei wird auf die Strecke eine Störgröße d aufgeschaltet, welche quantitativ bekannt sein muss.

Die Erweiterung des Systems:

$$\dot{x} = Ax + Bu + Ed$$

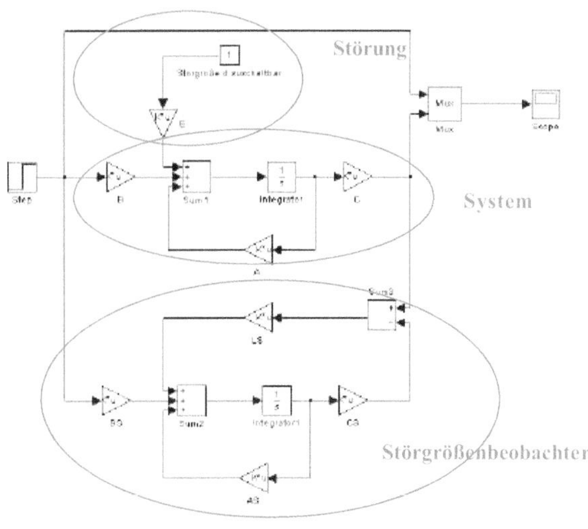

8. Zweck eines PI- Zustandsreglers

PI-Zustandsregler:

Ein weiteres Verfahren zur Störgrößenausregelung, neben der Störgrößenaufschaltung, ist der PI- Zustandsregler. Dies ist eine strukturelle Maßnahme bei der an der Einkoppelstelle ein neuer Steuervektor n entsteht, welcher mittels Rückführung aus der Regelgröße y_r zu einem Regeldifferenzvektor führt.

Als Gleichung des PI-Zustandsreglers ergibt sich also: $u = R_P \cdot \dot{e} + R_I \cdot e$

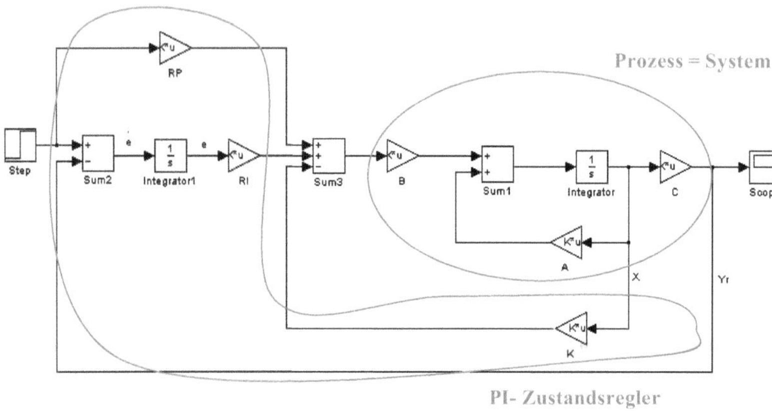

Vorteile des PI-Zustandsreglers:

Es sind keine Kenntnisse mehr über die Störgröße d notwendig, der Vorfilter entfällt und der PI-Anteil beseitigt auch andere Störeffekte, wie z.B. Parameterschwankungen oder Messrauschen.

Zweck des PI-Zustandsreglers:

Ziel des PI-Zustandsreglers ist es, eine Stabilität des Gesamtsystems (R_P, R_I, K) zu gewährleisten. Im stationären Zustand soll der Regeldifferenzvektor $\dot{e} = 0$ werden und damit $y_r = w$. Das heißt am Ende ist die Wirkung des Störvektors beseitigt und der Regelvektor ist gleich dem Führungsvektor.

9. Entwicklung einer Zustandsrückführung für 7 oder 8

Entwicklung des Störgrößenbeobachters für 7:

Störgrößenaufschaltung:

Als Grundlage der Störgrößenaufschaltung dient die Störgröße d, welche über die Einkoppelmatrix E auf die Regelstrecke einwirkt:

$$\dot{x} = Ax + Bu + Ed$$

$$y = Cx$$

Die Störgröße d wird laut dem Steuergesetz über die kompensierende Aufschaltmatrix U_d dem Eingangssignal u der Regelstrecke dazuaddiert:

$$u = -Kx + Vw + U_d$$

Eingesetzt in die Systemgleichung der Regelstrecke im Zustandsraum erhält man :

$$\dot{x} = Ax + B \cdot (-Kx + Vw + U_d) + Ed$$

$$\dot{x} = Ax + B \cdot -Kx + B \cdot Vw + B \cdot U_d + Ed$$

$$\dot{x} = (A - B \cdot K) \cdot x + B \cdot Vw + B \cdot U_d + Ed \qquad \textbf{(9.1)}$$

Dabei soll der Störgrößenanteil auf 0 kompensiert werden:

$$0 = B \cdot U_d + Ed \qquad | \cdot B^T$$

$$0 = B^T \cdot B \cdot U_d + B^T \cdot Ed \qquad | \cdot (B^T \cdot B)^{-1}$$

$$0 = U_d + (B^T \cdot B)^{-1} \cdot B^T \cdot Ed$$

$$U_d = -(B^T \cdot B)^{-1} \cdot B^T \cdot Ed$$

Die Kompensation muss nun in die Systemgleichung eingesetzt werden:

$$\dot{x} = (A - B \cdot K) \cdot x + B \cdot Vw + B \cdot -(B^T \cdot B)^{-1} \cdot B^T \cdot Ed + Ed$$

Nun muss für die Regelstrecke der entsprechende Störgrößenbeobachter entwickelt werden.

Störgrößenbeobachter:

Kann die Störgröße d nicht gemessen werden, muss sie entsprechend beobachtet und durch die Einführung eines entsprechenden Störgrößenmodells beschrieben werden.

$$\dot{x}_d = A_d \cdot x_d \qquad \text{mit} \qquad d = C_d \cdot x$$

Nun muss die Erweiterung des Systems erfolgen.

$$\dot{x} = Ax + Bu + Ed$$

$$\dot{x} = Ax + Bu + EC_d d$$

$$y = Cx$$

Zum Beobachterentwurf kann nun die erweiterte Systemmatrix verwendet werden.

$$\begin{bmatrix} \dot{x} \\ \dot{x}_d \end{bmatrix} = \underbrace{\begin{bmatrix} A & EC_d \\ 0 & A_d \end{bmatrix}}_{A_S} \cdot \begin{bmatrix} x \\ x_d \end{bmatrix} + \underbrace{\begin{bmatrix} B \\ 0 \end{bmatrix}}_{B_S} u$$

$$y = \underbrace{\begin{bmatrix} C & 0 \end{bmatrix}}_{C_S} \cdot \begin{bmatrix} x \\ x_d \end{bmatrix}$$

Mit den neuen Systemmatrizen AS und CS muss nun die Beobachtermatrix L, des Störgrößenbeobachters bestimmt werden. Dabei wurde für die Berechnung der Matrizen ein konstanter Störgrößeneinfluss angenommen. Außerdem wurde die Wirkung auf die Regelstrecke über die Einkoppelmatrix gleich den Eingangssignalen gesetzt.

$d = \text{konst.}$ $\qquad C_d = 1$ $\qquad$ **(1.Bedingung)**

$E = B$ $\qquad$ **(2.Bedingung)**

Die Beobachtermatrix berechnet sich nun im Matlab mittels folgendem Befehl:

```
LS = place (AS',CS',[-20 -21 -22 -23 -24])'
```

Anhand der Eigenwerte des Systems mit Regler (A - BK) lassen sich die neuen Polstellen des Beobachters (2 bis 10 mal so groß wie die Eigenwerte des geschlossenen Regelkreises) ableiten. Die Polstellen wurden ebenso wie beim Zustandsbeobachter mit:

$b_{01} = -20 \qquad b_{02} = -21 \qquad b_{03} = -22 \qquad b_{04} = -23$

angenommen.

Das komplette System mit dem entworfenen Störgrößenbeobachtung, der Regelung und der Störung zeigt das folgende Matlabmodell:

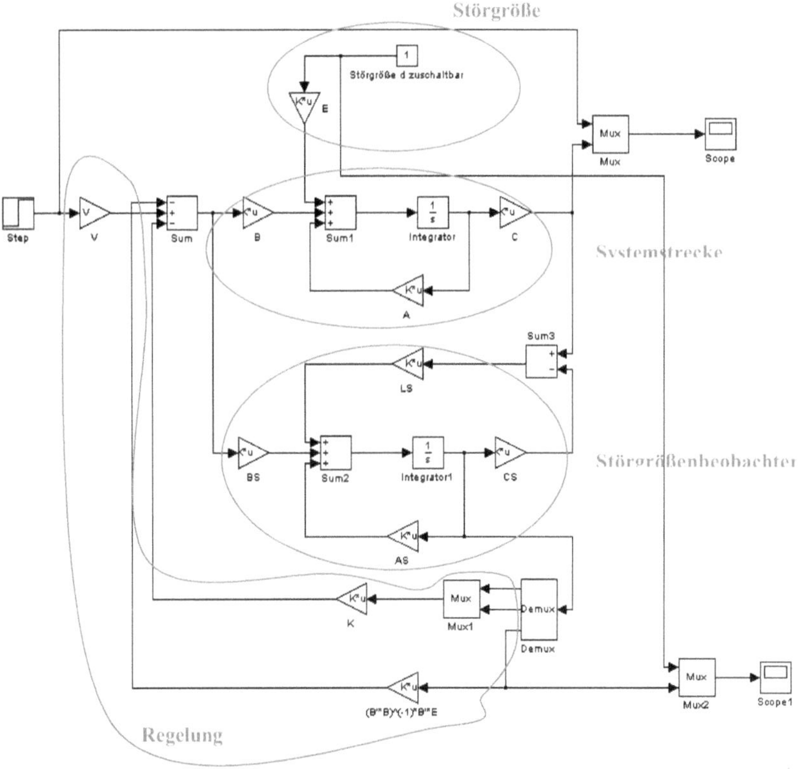

Der Störgrößenbeobachter liefert nun die zur Regelung benötigten Zustandsgrößen sowie die Störkomponente x_d. Diese wird durch einen Demultiplexer abgetrennt und der Aufschaltmatrix U_d zugeführt.

Die so durch die Störgröße beaufschlagte Sprungantwort des geschlossenen Regelkreises ist in der folgenden Abbildung der Systemgrößen mit der Störgröße ersichtlich.

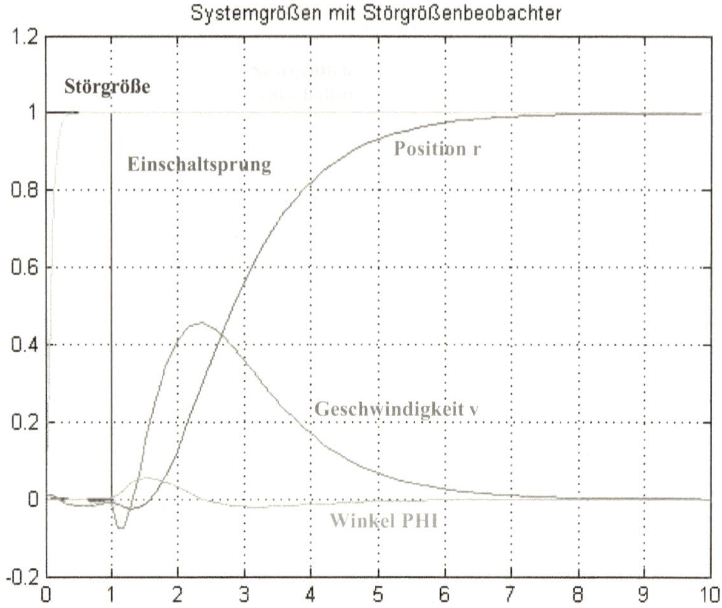

Durch die Ausregelung des Systems konnte eine stabile Regelstrecke ohne stationäre Regelabweichung realisiert und beobachtet werden.

Entwicklung des PI- Zustandsreglers für 8:

Der PI-Zustandsregler als ein weiteres Verfahren der Störgrößenausregelung wird aus der Regelstrecke mit:

$$\dot{x} = A \cdot x + B \cdot u + E \cdot d \qquad \text{und} \qquad y = C \cdot x$$

über die Rückführung des messbaren Vektors der Regelgröße, mit dem Ergebnis eines Regeldifferenzvektors realisiert, $\dot{e} = w - y_r$

ist die Gleichung des PI-Zustandsregler, $u = -K \cdot x + R_I \cdot e + R_P \cdot e$.

Mit der Stabiltätsbetrachtung: $w = 0$ und $d = 0$

ergibt sich $\dot{x} = A \cdot x + B \cdot u$

$\dot{e} = -C \cdot x$

und der Regler mit $u = -K \cdot x + R_I \cdot e - R_P \cdot C \cdot x$.

Als Matrix für die erweiterte Strecke ergibt sich nun: $\begin{bmatrix} \dot{x} \\ \dot{e} \end{bmatrix} = \begin{bmatrix} A & 0 \\ -C & 0 \end{bmatrix} \cdot \begin{bmatrix} x \\ e \end{bmatrix} + \begin{bmatrix} B \\ 0 \end{bmatrix} u$.

Die erweiterte Matrix des PI- Reglers setzt sich nun folgendermaßen zusammen,

$$y = -\Big[\underbrace{K + R_P \cdot C_R}_{\text{p- Anteil}} \quad \underbrace{-R_I}_{\text{i- Anteil}}\Big] \cdot \begin{bmatrix} x \\ e \end{bmatrix}$$

Nun müssen mittels Matlab die entsprechenden Parameter K, R_P und R_I für den PI-Zustandreglers berechnet werden:

$$K = \left(-\left[K_R(1{,}1) \quad K_R(1{,}2) \quad K_R(1{,}3) \quad K_R(1{,}4)\right] - R_P \cdot C_r\right) \qquad \textbf{mit} \qquad K_R = R^{(-1)} \cdot B_r' \cdot P$$

$$R_I = K_R(1{,}5)$$

Eine Berechnung von R_P mittels: $R_P = -\left(C_r \cdot A^{(-1)} \cdot B\right)^{(-1)}$

ist allerdings für dieses System nicht möglich da die A Matrix aufgrund der Nullen in der 1. Spalte nicht invertiert werden kann. (Division durch Null verboten)

Um den Entwurf des PI-Reglers dennoch durchführen zu können, muss für R_P ein entsprechender Wert angenommen werden: $R_P = 1$

und in das Matlab/Simulink Modell eingesetzt werden.

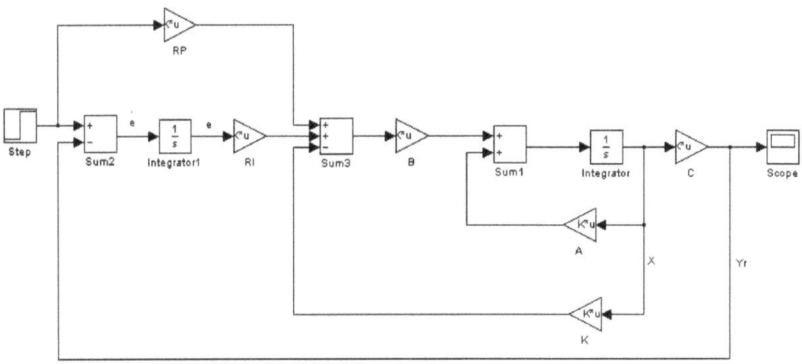

Es ergibt sich folgende Darstellung des mittels PI- Zustandsregler ausgeregelten Systems. Dabei wurden die zur Berechnung notwendigen Variablen:

$$R = 0.01, \qquad R_P = 0.01, \qquad C_r = [1 \quad 0 \quad 0 \quad 0] \quad \text{und} \quad Q = 10 \cdot \begin{bmatrix} 1 & 0 & 0 & 0 & 0 \\ 0 & 1 & 0 & 0 & 0 \\ 0 & 0 & 1 & 0 & 0 \\ 0 & 0 & 0 & 1 & 0 \\ 0 & 0 & 0 & 0 & 1 \end{bmatrix}$$

entsprechend festgelegt.

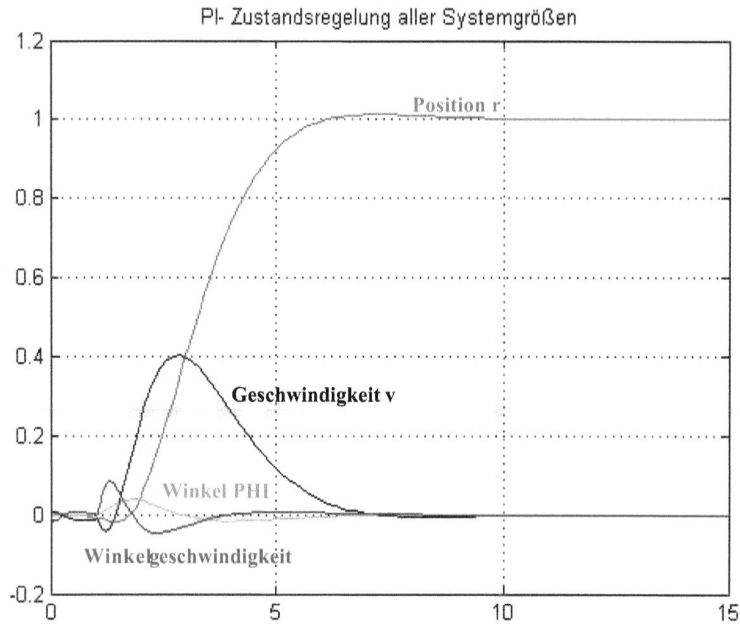

Weitere notwendige Parameter wie A_r, B_r und P ergaben sich im Matlab mittels Berechnung der vorhandenen Systemvariablen:

$$A_r = [A \quad \text{zeros}(4{,}1) \quad ; C_r \quad 0]$$

$$B_r = [B \quad ; \quad 0]$$

$$P = \text{are}\left(A_r, B_r \cdot R^{(-1)} \cdot B_r', Q\right)$$

10. Anhang des ausgearbeiteten M-Files

```
% Studienarbeit: Invertiertes Pendel -> by J.M., M.W.


% zu 4: Stabilität, Beobachtbarkeit und Steuerbarkeit -> by M.Wittek

close all


A=[0 0 1 0;0 0 0 1;0 -0.88 -1.915 0.0056;0 21.473 3.85 -0.136];
B=[0;0;0.30882;-0.62032];
C=[1 0 0 0;0 1 0 0;0 0 1 0]

sys = ss(A,B,C,0)


% Die Eigenwerte des Systems im Zustandsraum sowie die Polstellen der
%   Übertragungsfunktionen

eig(sys)
pole(sys)
pzmap(sys)
grid on

% Steuerbarkeit -> steuerbar

Qs=ctrb(A,B)
rank (Qs)              % =4 ?
det(Qs)                % !=0

%Beobachtbarkeit => beobachtbar zu 6.1

Qb=obsv(A,C)
rank (Qb)              % =4 ?
% det(Qb)                 % !=0 ?


%zu 5: Reglerentwurf mittels Zustandsrückführung

K=acker(A,B,[-1 -2 -3 -4])

V=inv(-[1 0 0 0]*inv(A-B*K)*B)


%zu 6: Beobachterentwurf

%Pole des Systems mit Regler (vorgegeben -1 -2 -3 -4 => bei 5.)

psys=eig(A-B*K)
```

```
%Pole des Systems mit Beobachters

pb=5*psys

%Beobachterentwurf

L=place(A',C',[-20 -21 -22 -23])'


%6.2 Position & Winkel

C1=[1 0 0 0;0 1 0 0]

%Beobachtbarkeit => beobachtbar

Qb=obsv(A,C1)
rank (Qb)            % =4 ?

L1=place(A',C1',[-20 -21 -22 -23])'


%6.3 Winkel & Geschwindigkeit

C2=[0 1 0 0;0 0 1 0]

%Beobachtbarkeit => nicht beobachtbar

Qb=obsv(A,C2)
rank (Qb)            % =4 ?


%6.4 Position & Geschwindigkeit

C3=[1 0 0 0;0 0 1 0]

%Beobachtbarkeit => beobachtbar

Qb=obsv(A,C3)
rank (Qb)            % =4 ?

L3=place(A',C3',[-20 -21 -22 -23])'

%plots der Sprungantworten der Zustandsgrößen siehe plot.m



%9. Störgrößenbeobachter

E=B

AS=[A E*1;0 0 0 0 0]
BS=[B;0]
CS=[C [0;0;0]]

LS=place(AS',CS',[-20 -21 -22 -23 -24])'
```

```
%9. PI- Zustandsregler

Cp=[C;0 0 0 1]

Ar=[A zeros(4,1);Cr 0]
Br=[B;0]

Cr=[1 0 0 0]
Q=[10 0 0 0 0;0 10 0 0 0;0 0 10 0 0;0 0 0 10 0;0 0 0 0 10]
R=0.01

P=are(Ar,Br*R^(-1)*Br',Q)

Kr=R^(-1)*Br'*P

Ri=Kr(1,5)
Rp=1

K=(-[Kr(1,1) Kr(1,2) Kr(1,3) Kr(1,4)]-Rp*Cr)
```

11. Literatur/ Quellen

[1] Dipl.-Ing. M. Sader, Dipl.-Ing R. Noack: „Script zur Vorlesung Synthese von Regelkreisen", FH Lausitz 2003

[2] Dipl.-Ing. M. Sader, Dipl.-Ing R. Noack: „Aufgabenstellung zur Projektarbeit Invertiertes Pendel", FH Lausitz 2003

FH-Lausitz 17.10.2005 M. Sader
FB IEM R. Noack
Synthese von Regelkreisen

Projektarbeit: „Invertiertes Pendel"

In dieser Projektarbeit sollen Sie sich mit dem technischen System „Invertiertes Pendel" beschäftigen. Dieses System soll mit Hilfe einer Zustandsrückführung geregelt werden. Bearbeiten Sie dazu folgende Aufgabenstellung. Als Hilfe und Anregung soll dabei die Versuchsanleitung dienen. Bei dieser Aufgabe ist das System als kontinuierliches System zu betrachten und muss daher nicht diskretisiert werden. Verwenden Sie die Software Matlab/Simulink und führen Sie sofern möglich Simulationen durch und diskutieren Sie Ihre Ergebnisse.

Aufgabenstellung:

1. Beschreiben Sie das physikalische System „Invertiertes Pendel" (Skizzen, Gleichgewichtsbedingungen) und stellen Sie ein Differentialgleichungssystem auf.

2. Warum ist es notwendig eine Linearisierung durchzuführen?
   a) Führen Sie die Linearisierung anhand der Versuchsanleitung durch.
   b) Gibt es in diesem Fall auch andere Methoden der Linearisierung? (Hinweis: Winkel) Führen Sie ein Verfahren durch.

3. Beschreiben Sie das System im Zustandsraum.

4. Führen Sie Untersuchungen am System durch hinsichtlich Stabilität, Steuerbarkeit und Beobachtbarkeit.

5. Entwerfen Sie eine Regelung durch Zustandsrückführung. Welches Verfahren verwenden Sie? Welche Schritte sind dafür notwendig und worauf ist zu achten.

6. Da nicht alle Zustandsgrößen gemessen werden, ist es notwendig einen Zustandsbeobachter zu entwickeln. Dahingehend sind folgende Fälle von Messaufbauten zu untersuchen:
   a) Messgrößen: Position r, Winkel φ, Geschwindigkeit v
   b) Messgrößen: Position r, Winkel φ
   c) Messgrößen: Winkel φ, Geschwindigkeit v
   d) Messgrößen: Position r, Geschwindigkeit v

7. Was versteht man unter einen Störgrößenbeobachter und welche Vorteile werden durch ihn erreicht?

8. Was versteht man unter einem PI-Zustandsregler und zu welchem Zweck wird er eingesetzt?

9. Entwickeln Sie eine Zustandsrückführung für 7. oder 8.

Es ist eine Dokumentation der Projektarbeit anzufertigen. Diese sollte alle wichtigen Arbeitsschritte, Ergebnisse, Diskussionen, Herleitungen und Diagramme beinhalten. Pro Arbeitsgruppe ist eine Fassung abzugeben.

Abgabetermin: 09.12.2005

[3] Amira Gmbh, Bismarckstraße 67, 47057 Germany: „Laborversuch Invertiertes Pendel LIP 100“

3 Das System "invertiertes Pendel"

Das System des "invertierten Pendels" besteht aus einem Wagen, der entlang einer Metallschiene bewegt werden kann. An dem Wagen ist über eine Achse eine Aluministange mit einem zylindrischen Gewicht befestigt. Der Wagen ist über ein Transmissionsband mit der Antriebsrolle verbunden. Sie wird von einem stromgeregelten Gleichstrommotor angetrieben, der proportional zur angelegten Steuerspannung u_S ein Drehmoment liefert, so daß der Wagen dadurch beschleunigt wird.

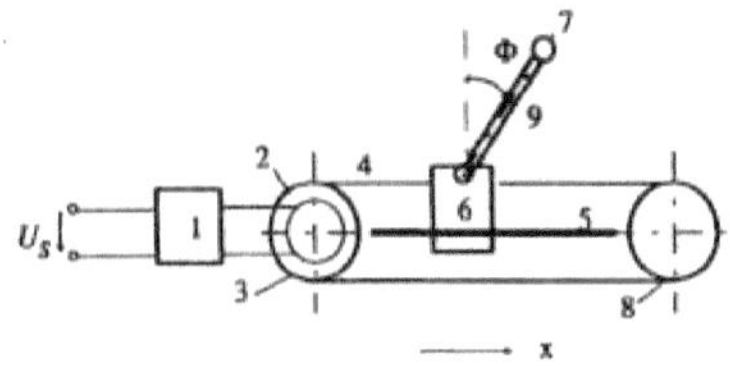

Bild 3.1 : Prinzipskizze des Modells "invertiertes Pendel"

1 Servoverstärker	5 Metallschiene
2 Motor	6 Wagen
3 Antriebsrolle	7 Pendelgewicht
4 Transmissionsband	8 Umlenkrolle

An dem System "Pendel" werden folgende Größen meßtechnisch erfaßt:

1. die Position des Wagens über ein Wendelpotentiometer an der Antriebswelle des Motors.
2. die Geschwindigkeit des Wagens mit einem Tachogenerator, der ebenfalls am Motor befestigt ist.
3. der Winkel des Pendelstabes über ein Schichtpotentiometer an der Drehachse des Pendels.

3.1 Mathematisches Modell des invertierten Pendels

Es soll nun ein mathemetisches Modell für das System "invertiertes Pendel" hergeleitet werden, wobei für die folgenden Ausführungen auf /4/ verwiesen wird. In Bild 3.1 ist das Gesamtsystem in die beiden Teilsysteme "Wagen" und "Pendel" aufgeteilt, wobei die jeweils angreifenden Kräfte eingezeichnet sind.

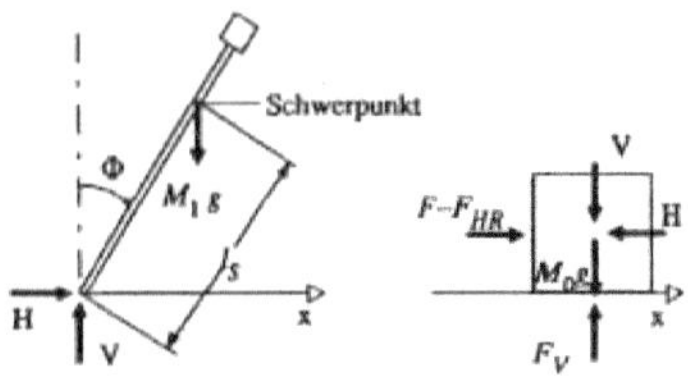

Bild 3.2 : Schnittbild des freigemachten Pendels bzw. Wagens

Bezeichnet M_1 die Masse des Pendels und r die Position des Wagens, so ergibt sich die am Fußpunkt des Pendels horizontal wirkende Kraft

$$H = M_1 \frac{\partial^2}{\partial t^2}(r + l_s \sin \Phi) \qquad (3.1)$$

aus der Beschleunigung des Massenschwerpunktes. Die vertikale Kraftkomponente berechnet sich zu

$$V = M_1 \frac{\partial^2}{\partial t^2}(l_s \cos \Phi) + M_1 g \quad . \qquad (3.2)$$

Für die Drehbewegung des Stabes um seinen Schwerpunkt gilt nach dem Drallsatz:

$$\Theta_S \, \frac{\partial^2 \Phi}{\partial t^2} = V \, l_S \sin \Phi - H \, l_S \cos \Phi - C \, \frac{\partial \Phi}{\partial t} \quad . \tag{3.3}$$

wobei Θ_S das Trägheitsmoment des Pendelstabes um seinen Schwerpunkt und C die Reibungskonstante des Pendels darstellen. Für das Teilsystem Wagen lautet die Bewegungsgleichung

$$M_0 \, \frac{\partial^2 r}{\partial t^2} = F - H - F_r \, \frac{\partial r}{\partial t} \tag{3.4}$$

mit der Wagenmasse M_0 der geschwindigkeitsproportionalen Reibungskonstante F_r und der über das Transmissionsband angreifenden Kraft F. Differenziert man die Winkelfunktionen in Gl.(3.1) und Gl.(3.2), so erhält man

$$H = M_1 \, (\ddot{r} + l_S \, \ddot{\Phi} \cos \Phi - l_S \, (\dot{\Phi})^2 \sin \Phi) \tag{3.5}$$

und

$$V = -M_1 \, l_S \, (\ddot{\Phi} \sin \Phi + (\dot{\Phi})^2 \cos \Phi) + M_1 \, g \quad . \tag{3.6}$$

Durch Einsetzen von Gl.(3.5) und Gl.(3.6) in Gl.(3.3) und Gl.(3.4) werden die Größen V und H eliminiert. Man erhält nach einigen elementaren Zwischenrechnungen die nichtlinearen Differentialgleichungen

$$\Theta \, \ddot{\Phi} + C \, \dot{\Phi} - M_1 \, l_S \, g \sin \Phi + M_1 \, l_S \, \ddot{r} \cos \Phi = 0 \tag{3.7}$$

und

$$M \, \ddot{r} + F_r \, \dot{r} + M_1 \, l_S \, (\ddot{\Phi} \cos \Phi - (\dot{\Phi})^2 \sin \Phi) = F \quad . \tag{3.8}$$

Die Gl.(3.7) und Gl.(3.8) beschreiben als gekoppeltes Differentialgleichungssystem das mathematische Modell des Pendels. Hierbei wurden die Abkürzungen

$$\Theta = \Theta_S + M_1 \, l_S^2 \tag{3.9}$$

und

$$M = M_0 + M_1 \tag{3.10}$$

verwendet. Diese Gleichungen bilden die Grundlage zur Herleitung eines Streckenmodells für das invertierte Pendel.

3.2 Beschreibung des linearisierten Systems im Zustandsraum

Für eine Beschreibung des Systems "Pendel" gemäß Gl.(2.1) und Gl.(2.2) muß eine Linearisierung um einen geeigneten Arbeitspunkt durchgeführt werden. Der erste Schritt ist die Einführung eines Zustandsvektors

$$\underline{x} = \begin{bmatrix} x_1 \\ x_2 \\ x_3 \\ x_4 \end{bmatrix} = \begin{bmatrix} r \\ \Phi \\ \dot{r} \\ \dot{\Phi} \end{bmatrix} \tag{3.11}$$

und der Eingangsgröße

$$u = F \tag{3.12}$$

Bringt man Gl.(3.5) und Gl.(3.6) nun in die Form

$$\underline{\dot{x}} = \underline{f}(\underline{x}, u) \quad . \tag{3.13}$$

So ergibt sich:

$$\dot{x}_1 = f_1 \, (\underline{x}, u) = x_3 \tag{3.14}$$

$$\dot{x}_2 = f_2 \, (\underline{x}, u) = x_4 \tag{3.15}$$

$$\dot{x}_3 = f_3 \, (\underline{x}, u) = \beta \, (x_2) \, (a_{32} \sin x_2 \cos x_2 + a_{33} \, x_3 + a_{34} \cos x_2 \; x_4 + a_{35} \sin x_2 \; (x_4)^2 + b_3 \, u) \tag{3.16}$$

$$\dot{x}_4 = f_4 \, (\underline{x}, u) = \beta \, (x_2) \, (a_{42} \sin x_2 + a_{43} \cos x_2 \; x_3 + a_{44} \, x_4 + a_{45} \cos x_2 \; \sin x_2 \; (x_4)^2 + b_4 \cos x_2 \; u) \tag{3.17}$$

mit den Abkürzungen:

$$\beta(x_2) = \left(1 + \frac{N^2}{N_{01}^2}\sin^2 x_2\right)^{-1} \qquad (3.18)$$

$$N = M_1\, l_S \quad (3.19)$$

$$N_{01}^2 = \Theta M - N^2 \qquad (3.20)$$

sowie:

$$a_{32} = -\frac{N^2 g}{N_{01}^2} \quad a_{33} = -\frac{\Theta F_r}{N_{01}^2} \quad a_{34} = \frac{N C}{N_{01}^2} \quad a_{35} = \frac{\Theta N}{N_{01}^2}$$

$$a_{42} = \frac{M N g}{N_{01}^2} \quad a_{43} = \frac{N F_r}{N_{01}^2} \quad a_{44} = -\frac{M C}{N_{01}^2} \quad a_{45} = -\frac{N^2}{N_{01}^2}$$

$$b_3 = \frac{\Theta}{N_{01}^2} \quad b_4 = -\frac{N}{N_{01}^2}$$

Im zweiten Schritt wird der Arbeitspunkt, um den die Differentialgleichungen linearisiert werden sollen, festgelegt. Er ist gegeben durch die Bedingung

$$\underline{x}_A = \begin{bmatrix} x_1 = k_1 \\ x_2 = 0 \\ x_3 = 0 \\ x_4 = 0 \end{bmatrix} \quad . \qquad (3.21)$$

Die Gleichungen (3.14) bis (3.17) werden im vorgegebenen Arbeitspunkt in eine Taylor-Reihe entwickelt, wobei nach dem ersten Glied abgebrochen wird.

$$\Delta\dot{\underline{x}} = \frac{\partial \underline{f}}{\partial \underline{x}}\Bigg|_{\substack{\underline{x} = \underline{x}_A \\ u = 0}} \cdot \Delta\underline{x} + \frac{\partial \underline{f}}{\partial u}\Bigg|_{\substack{\underline{x} = \underline{x}_A \\ u = 0}} \cdot \Delta u \qquad (3.22)$$

Die Berechnung des Differentialquotienten ergibt für die linearisierte Systemmatrix

$$\frac{\partial \underline{f}}{\partial \underline{x}}\Bigg|_{\substack{\underline{x} = \underline{x}_A \\ u = 0}} = \begin{bmatrix} 0 & 0 & 1 & 0 \\ 0 & 0 & 0 & 1 \\ 0 & a_{32} & a_{33} & a_{34} \\ 0 & a_{42} & a_{43} & a_{44} \end{bmatrix} := \underline{A}_A \qquad (3.23)$$

und für die Steuermatrix

$$\frac{\partial \underline{f}}{\partial u}\Bigg|_{\substack{\underline{x} = \underline{x}_A \\ u = 0}} = \begin{bmatrix} 0 \\ 0 \\ b_3 \\ b_4 \end{bmatrix} := \underline{b}_A \qquad (3.24)$$

Wird die Abweichung um den Arbeitspunkt als neue Zustandsvariable, bzw. neue Eingangsgröße eingeführt ($\Delta\underline{x} = \underline{x}$, $\Delta u = u$), so lautet die Zustandsgleichung

$$\dot{\underline{x}} = \underline{A}_A\, \underline{x} + \underline{b}_A\, u \quad . \qquad (3.25)$$

Mit dieser Gleichung ist eine lineare Zustandsbeschreibung des "invertierten Pendels" gefunden. Damit sind die Voraussetzungen zur Anwendung der in Kapitel 2 vorgestellten Regler- und Beobachterentwurfsverfahren gegeben.

3.3 Normierung der Zustandsgleichungen

Am System "invertiertes Pendel" sind drei Sensoren angebracht, mit denen die Position des Wagens, die Geschwindigkeit des Wagens und der Winkel des Pendelstabes gemessen werden. Die vierte Zustandsgröße, die Winkelgeschwindigkeit des Pendelstabes, wird durch einen Zustandsbeobachter geschätzt, so daß eine Zustandsvektorrückführung realisiert werden kann.

Da die Sensoren eine zur mechanischen Meßgröße proportionale Spannung liefern, ist eine Normierung des Systems auf die elektrischen Meßgrößen erforderlich. Die Normierung kann man als eine reguläre Transformation

$$\underline{x}_n = \underline{N}\, \underline{x} \qquad (3.26)$$

und

$$u = K_F\, u_S \qquad (3.27)$$

des nichtnormierten Zustandsvektors $\underline{x}$ und der nichtnormierten Eingangsgröße u aus Gl.(3.25) auffassen, wobei

$$\underline{N} = \begin{bmatrix} n_{11} & 0 & 0 & 0 \\ 0 & n_{22} & 0 & 0 \\ 0 & 0 & n_{33} & 0 \\ 0 & 0 & 0 & n_{44} \end{bmatrix} \tag{3.28}$$

eine Diagonalmatrix darstellt und K_F der Umrechnungsfaktor zwischen der Eingangsspannung des Servoverstärkers und der am Wagen angreifenden Kraft ist. Gl.(3.26) und Gl.(3.27) in Gl.(3.25) eingesetzt, ergibt

$$\underline{N}^{-1}\,\dot{\underline{x}}_n = \underline{A}_A\,\underline{N}^{-1}\,\underline{x}_n + \underline{b}_A\,K_F\,u_S \quad . \tag{3.29}$$

Diese Gleichung nach $\dot{\underline{x}}_n$ aufgelöst, liefert die normierte Systembeschreibung

$$\dot{\underline{x}}_n = \underline{N}\,\underline{A}_A\,\underline{N}^{-1}\,\underline{x}_n + \underline{N}\,\underline{b}_A\,K_F\,u_S \quad . \tag{3.30}$$

mit der normierten Systemmatrix

$$\underline{A}_n = \underline{N}\,\underline{A}_A\,\underline{N}^{-1} \tag{3.31}$$

und der normierten Steuermatrix

$$\underline{b}_n = \underline{N}\,\underline{b}_A\,K_F \quad . \tag{3.32}$$

Die Elemente n_{11} bis n_{33} werden identisch den Umrechnungsfaktoren zwischen elektrischen und mechanischen Größen gesetzt. Da die Winkelgeschwindigkeit nicht gemessen wird, kann das Element n_{44} willkürlich festgelegt werden, mit der Bedingung, daß der Spannungswert für die Winkelgeschwindigkeit die maximale Betriebsspannung der DA-Wandler nicht übersteigt. Es wurde zu

$$n_{44} = n_{22}\,sec \tag{3.33}$$

gewählt.

3.4 Parameter für das Modell "invertiertes Pendel"

Die Parameter des "invertierten Pendels" konnten durch umfangreiche physikalische Experimente bestimmt werden. Die Werte sind in Tabelle 3.1 angegeben .

Die hier wiedergegebenen Parameter sind teilweise durch Mittelwertbildung aus Messungen an einem realisiertem Pendel gewonnen worden. Die technischen Daten Ihrer Pendelmechanik können daher von den hier angegebenen Parametern, insbesondere vom Reibungskoeffizient, abweichen.

Konstante	Wert	Einheit
K_F	2.6	N/V
n_{11}	14.9	V/m
n_{22}	-52.27	V/rad
n_{33}	- 7.64	Vs/m
n_{44}	- 52.27	Vs/rad
M_0	3.2	Kg
M_1	0.329	Kg
M	3.529	Kg
l_S	0.44	m
Θ	0.072	kgm^2
N	0.1446	Kgm
N_{01}^2	0.23315	Kg^2m^2
N^2/N_{01}^2	0.0897	-
F_r	6.2	Kg/s
C	0.009	Kgm^2/s

Tabelle 3.1 : ermittelte physikalische Größen

Mit diesen Angaben lassen sich direkt die Werte der Systemmatrix (vgl. Gl.(3.23))

$$\underline{A}_A = \begin{bmatrix} 0 & 0 & \frac{1}{s} & 0 \\ 0 & 0 & 0 & \frac{1}{s} \\ 0 & -0.88\ \frac{m}{s^2} & -1.915\ \frac{1}{s} & 0.0056\ \frac{m}{s} \\ 0 & 21.473\ \frac{1}{s^2} & 3.85\ \frac{1}{(ms)} & -0.136\ \frac{1}{s} \end{bmatrix} \quad (3.36)$$

und der Steuermatrix (vgl. Gl.(3.24))

$$\underline{b}_A = \begin{bmatrix} 0 \\ 0 \\ 0.30882\ \frac{m}{(s^2 V)} \\ -0.62032\ \frac{1}{(s^2 V)} \end{bmatrix} \quad (3.37)$$

berechnen.

Die Normierung entsprechend Gl.(3.31) und Gl.(3.32) liefert

$$\underline{A}_n = \begin{bmatrix} 0 & 0 & -1.95\ \frac{1}{s} & 0 \\ 0 & 0 & 0 & 1.0\ \frac{1}{s} \\ 0 & -0.12864\ \frac{1}{s} & -1.915\ \frac{1}{s} & 0.0082\ \frac{1}{s} \\ 0 & 21.47\ \frac{1}{s} & 26.31\ \frac{1}{s} & -0.1362\ \frac{1}{s} \end{bmatrix} \quad (3.38)$$

und

$$\underline{b}_n = \begin{bmatrix} 0.0 \\ 0.0 \\ -6.1343\ \frac{1}{s} \\ 84.303\ \frac{1}{s} \end{bmatrix} \quad (3.39)$$

Die Matrizen des Abtastsystems lassen sich aus den Matrizen $\underline{A}_n$ und $\underline{b}_n$ mit Hilfe der Gl.(2.14) und Gl.(2.15) berechnen, wobei hier eine Abtastzeit von T=0.03 sec gewählt wurde. Man erhält:

$$\underline{A}_D = \begin{bmatrix} 1 & 1.108 \cdot 10^{-4} & -5.68 \cdot 10^{-2} & 4.1 \cdot 10^{-7} \\ 0 & 1.01 & 1.16 \cdot 10^{-2} & 3.0035 \cdot 10^{-2} \\ 0 & -3.755 \cdot 10^{-3} & 0.944 & -3.299 \cdot 10^{-5} \\ 0 & 0.6435 & 0.768 & 1.006 \end{bmatrix} \quad (3.40)$$

$$\underline{b}_D = \begin{bmatrix} 0.0053 \\ 0.0372 \\ -0.1789 \\ 2.461 \end{bmatrix} \quad (3.41)$$

Die Ausgangsgrößen sind die Zustandsgrößen x_1 bis x_3. Damit ergibt sich für die Ausgangsmatrix

$$\underline{C} = \begin{bmatrix} 1 & 0 & 0 & 0 \\ 0 & 1 & 0 & 0 \\ 0 & 0 & 1 & 0 \end{bmatrix} \quad (3.42)$$

Damit ist eine lineare Zustandsbeschreibung für das Pendel gefunden. Nichtlineare Effekte konnten dabei nicht direkt berücksichtigt werden, sondern müssen durch entsprechende äußere Beschaltungsmaßnahmen am System verringert bzw. kompensiert werden. Die größte Nichtlinearität tritt durch die am Wagen angreifende geschwindigkeitsunabhängige trockene Reibung (Coulomb'sche Reibung)

$$F_C = -|F_C|\, sign\,(\dot{r}\,(t)) \quad (3.43)$$

und der Haftreibung

$$F_{HR} = \begin{cases} -\mu F_n & für\ \dot{r} = 0 \\ 0 & für\ \dot{r} \neq 0 \end{cases} \quad (3.44)$$

mit dem Haftreibungskoeffizienten μ und der Normalkraft F_n auf. Eine Kompensation ist in diesem Fall durch Aufschalten einer zusätzlichen Eingangsspannung

$$u_{SD} = \frac{F_{HR} + F_c}{K_F} \quad (3.45)$$

möglich (siehe Bild 3.3).

Die Größe u_{SD} kann entweder direkt bei der Systembildung ermittelt werden, oder durch einen Störgrößenbeobachter "ON-LINE" geschätzt werden. Beide Möglichkeiten sind beim "invertierten Pendel" als auch beim System "Wagen" vorgesehen. In Bild 3.3 ist die Zustandsbeschreibung aus Gl.(3.25) im Strukturdiagramm dargestellt.

Dieses Modell besitzt Gültigkeit, solange folgende Bedingungen eingehalten werden:

1. eine Begrenzung der Steuerspannung u_S. Nur für eine Eingangsspannung
   $|u_S| \leq 10\ V$
   ist die Linearität des Servoverstärkers gewährleistet.

2. eine Begrenzung der Führungsschiene. Für sie gilt:

   $|r| \leq 0.5\ m$

3. eine Begrenzung des Winkels Φ, da die lineare Näherung nur für kleine Winkel

   $|\Phi| \leq 10°$

   gültig ist.

3.5 Regelung und Störgrößenbeobachtung am "invertierten Pendel"

In Kapitel 2.3 wurde bereits darauf hingewiesen, daß am System "Pendel" nur drei der insgesamt vier Zustandsgrößen gemessen werden. Nachfolgend wird der Entwurf eines reduzierten Beobachters zur Schätzung der vierten Zustandsgröße und der Störgröße u_{S0} vorgestellt. Der reduzierte Beobachter unterscheidet sich vom Identitätsbeobachter dadurch, daß dieser keinen Schätzwert für die bereits gemessenen Ausgangsgrößen liefert und somit nur die Ordnung n-q besitzt.

Da in diesem Fall zusätzlich die Störgröße u_{S0} geschätzt werden soll, ist eine Modellerweiterung erforderlich, welche die Eigenschaften der Störgröße beschreibt. In dem Modell (Bild 3.3) ist u_{S0} als eine konstante Größe angenommen und kann deshalb als Lösung der Differentialgleichung

$$\dot{x}_5 = 0 \tag{3.46}$$

interpretiert werden. Sie wirkt über die Faktoren b_3 auf die Größe $\dot{x}_3$ und über b_4 auf $\dot{x}_4$, so daß das erweiterte

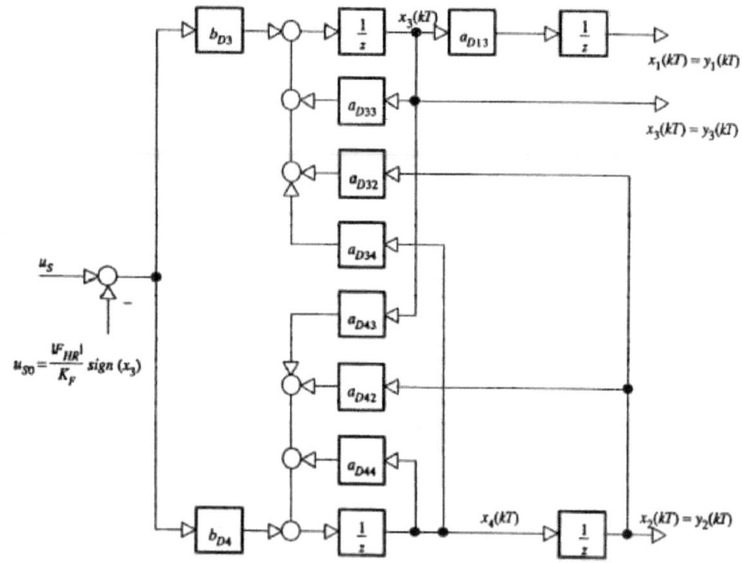

Bild 3.3 : verwendetes Modell des invertierten Pendels

System in der Form

$$\begin{bmatrix} \dot{\underline{x}} \\ \dot{x}_5 \end{bmatrix} = \begin{bmatrix} \underline{A}_A & \underline{b}_A \\ \underline{0}^T & 0 \end{bmatrix} \begin{bmatrix} \underline{x} \\ x_5 \end{bmatrix} + \begin{bmatrix} \underline{b}_A \\ 0 \end{bmatrix} u \qquad (3.47)$$

angesetzt wird. Für dieses erweiterte System wird nun der Beobachter entworfen, wobei zur Zustandsschätzung alle drei Meßgrößen verwendet werden. Bild 3.4 zeigt das Gesamtsystem bestehend aus Zustandsregelung und Störgrößenkompensation.

In der Schalterstellung 1 werden die nichtlinearen Reibungseffekte mit Hilfe des Störgrößenbeobachters und in Schalterstellung 2 konstant kompensiert. Nach Bild 3.4 lautet die Gleichung des reduzierten Beobachters

$$\hat{\underline{x}}((k+1)T) = \underline{A}_B \hat{\underline{x}}(kT) + \underline{F}_B \underline{y}(kT) + \underline{b}_B u_S(kT) \qquad (3.48)$$

$$\begin{bmatrix} \underline{y}(kT) \\ \hat{\underline{x}}(kT) \end{bmatrix} = \underline{C}_B \hat{\underline{x}}(kT) + \underline{V}_B \underline{y}(kT) \qquad (3.49)$$

Zur Berechnung der unbekannten Matrizen wird das System Gl.(3.47) digitalisiert (vergl. Gl. 3.50) und in die zwei Teilsysteme Gl.(3.51) und Gl.(3.52) zerlegt. Die 5x5 Systemmatrix zerfällt dabei in die 4 Teilmatrizen $\underline{A}_{11}, \underline{A}_{12}, \underline{A}_{21}, \underline{A}_{22}$. Die Vektoren $\underline{b}_1$ und $\underline{b}_2$ werden aus den Steuervektoren gebildet.

$$\begin{bmatrix} \underline{y}((k+1)T) \\ \hat{\underline{x}}_B((k+1)T) \end{bmatrix} = \begin{bmatrix} \underline{A}_{11} & \underline{A}_{12} \\ \underline{A}_{21} & \underline{A}_{22} \end{bmatrix} \begin{bmatrix} \underline{y}(kT) \\ \hat{\underline{x}}_B(kT) \end{bmatrix} + \begin{bmatrix} \underline{b}_1 \\ \underline{b}_2 \end{bmatrix} u_S(kT) \qquad (3.50)$$

mit

$$\hat{\underline{x}}_B(kT) = \begin{bmatrix} \hat{x}_4(kT) \\ \hat{x}_5(kT) \end{bmatrix}$$

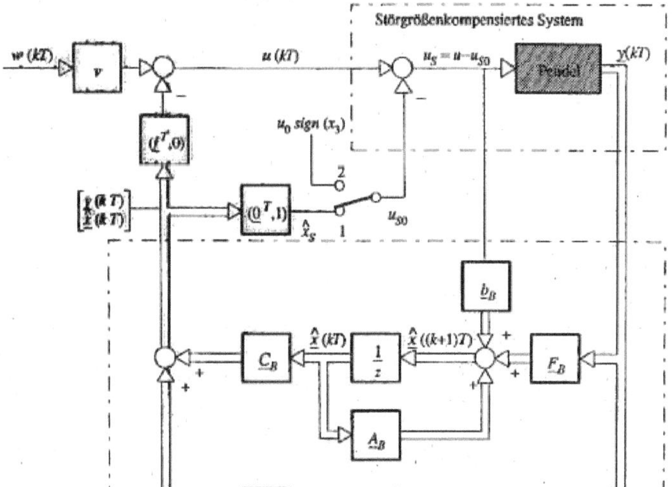

Bild 3.4 : Strukturdiagramm des geregelten Pendels mit Zustandsrückführung und reduziertem Beobachter

Die meßbaren Zustandsgrößen (x_1, x_2, x_3) sind bei diesem System gleichzeitig die Ausgangsgrößen und werden durch den Vektor $\underline{y}$ beschrieben.

$$\underline{y}((k+1)T) = \underline{A}_{11}\,\underline{y}(kT) + \underline{A}_{12}\,\hat{\underline{x}}_B(kT) + \underline{b}_1\,u_S(kT) \qquad (3.51)$$

$$\hat{\underline{x}}_B((k+1)T) = \underline{A}_{21}\,\underline{y}(kT) + \underline{A}_{22}\,\hat{\underline{x}}_B(kT) + \underline{b}_2\,u_S(kT) \qquad (3.52)$$

Da das System Gl.(3.51) bekannt ist, geht der Ausdruck $\underline{A}_{12}\,\hat{\underline{x}}_B(kT)$ als Meßgröße in das System Gl.(3.52) ein. Entwirft man für dieses System einen reduzierten Beobachter, so wird dieser durch Gl.(3.53) beschrieben.

$$\hat{\underline{x}}_B((k+1)T) = (\underline{A}_{22} - \underline{L}\,\underline{A}_{12})\,\hat{\underline{x}}_B(kT)$$
$$+\underline{L}\,(\underline{y}((k+1)T) - \underline{A}_{11}\,\underline{y}(kT) - \underline{b}_1\,u_S(kT))$$
$$+\underline{A}_{21}\,\underline{y}(kT)\,\underline{b}_2\,u_S(kT) \qquad (3.53)$$

durch die Koordinatentransformation

$$\underline{z}(kT) = \hat{\underline{x}}_B(kT) - \underline{L}\,\underline{y}(kT) \qquad (3.54)$$

ergibt sich die Beobachtergleichung

$$\underline{z}((k+1)T) = \underline{A}_B\,\underline{z}(kT) + \underline{F}_B\,\underline{y}(kT) + \underline{b}_B\,u_S(kT) \qquad (3.55)$$

Mit

$$\underline{A}_B = \underline{A}_{22} - \underline{L}\,\underline{A}_{12} = \begin{bmatrix} 0.0498 & 0.0 \\ 0.0 & 0.0498 \end{bmatrix}$$

$$\underline{F}_B = \underline{A}_B\,\underline{L} + \underline{A}_{21} - \underline{L}\,\underline{A}_{11} = \begin{bmatrix} 0.0 & -29.92 & 6.78 \\ 0.0 & -14.35 & 4.753 \end{bmatrix}$$

$$\underline{b}_B = \underline{b}_2 - \underline{L}\,\underline{b}_1 = \begin{bmatrix} 0.0 \\ -0.9502 \end{bmatrix}$$

Die Matrix $\underline{L}$ wurde dazu so gewählt, daß die Pole des Beobachters bei $s_{1,2} = -100$ 1/s bzw. $z_{1,2} = -0.0498$ liegen. Die übrigen Matrizen des Abtastsystems ergeben sich dann zu

$$\underline{V}_B = \begin{bmatrix} \underline{I} \\ \underline{L} \end{bmatrix} = \begin{bmatrix} 1 & 0 & 0 \\ 0 & 1 & 0 \\ 0 & 0 & 1 \\ 0 & 31.814 & -7.136 \\ 0 & -0.0058 & -5.314 \end{bmatrix}, \quad \underline{C}_B = \begin{bmatrix} 0 & 0 \\ 0 & 0 \\ 0 & 0 \\ 1 & 0 \\ 0 & 1 \end{bmatrix}$$

Mathematische Verfahren zum Entwurf des reduzierten Beobachters sind in /3/ Kapitel 10.2.2 und /1/ Kapitel 12.5.3 angegeben. Bevor abschließend die Rückführmatrix berechnet wird, sollen zunächst die Pole des offenen Kreises ermittelt werden. Diese lassen sich durch

$$\det(s\,\underline{I} - \underline{A}_A) = 0$$

bestimmen. Es ergibt sich die in Bild 3.5 dargestellte Konfiguration.

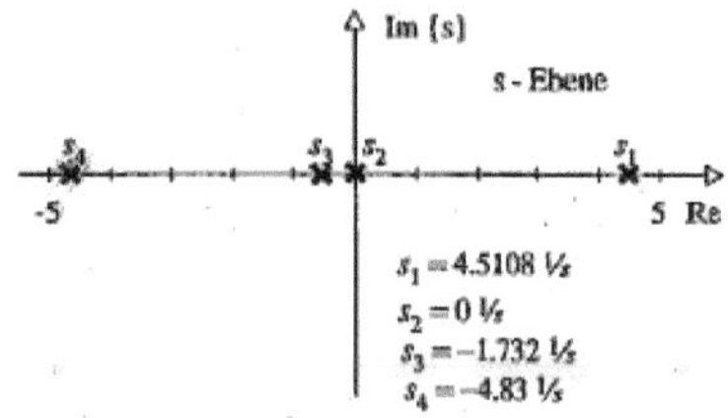

Bild 3.5 : Pollage des offenen Systems in der s-Ebene

Man erkennt, daß es sich um ein instabiles System handelt, welches nun durch die in Bild 3.4 eingezeichnete Zustandsrückführung stabilisiert werden kann. Durch Vorgabe der Eigenwerte des geschlossenen Kreises

$s_{1,2} = -4.0$ 1/s $\qquad s_{3,4} = -4.75$ 1/s

bzw.

$z_{1,2} = 0.886 \qquad z_{3,4} = 0.871$

berechnet sich die Rückführmatrix mit Gl.(2.27) zu

$$\underline{f}^T = (-1.2159\,,\ 1.5839\,,\ 2.5497\,,\ 0.34732)$$

und das skalare Vorfilter (vgl. Gl.(2.40)) zu

$v = -1.2159$

Damit ist der Algorithmus zur Regelung sowie zur Störgrößenbeobachtung am "invertierten Pendel" vollständig bestimmt.

3.6 Entwurf des Luenberger Identitätsbeobachters

Zum Entwurf des Luenberger Identitätsbeobachters können die Systemmatrizen, wie in Kapitel 2.3 angegeben, direkt für den Beobachterentwurf benutzt werden (vgl. Gl.(2.47)). Dabei muß auf den Beobachter ein Ausgangssignal y geschaltet werden, von dem aus das System vollständig beobachtbar ist.

Für dieses Anwendungsbeispiel wurde die Ortskoordinate $y_1 = r$ als Ausgangsgröße gewählt, wodurch sich für die Ausgangsmatrix

$$\underline{C} = \begin{bmatrix} 1 & 0 & 0 & 0 \\ 0 & 0 & 0 & 0 \\ 0 & 0 & 0 & 0 \end{bmatrix}$$

ergibt. Die noch unbekannte Rückführmatrix kann aus Gl.(2.52) durch Vorgabe der Beobachtereigenwerte berechnet werden. Die Ergebnisse sind in Tabelle 3.2 aufgelistet. (T = 0.03 sec).

s [1/s]	$z_B = e^{sT}$	f_B
- 3	0,9139	0.3037, 42.6, -0.833, 193.08
- 6	0,8353	0.618, 137.63, -2.5, 622.52
- 10	0,7408	0.99, 393.1, -5.95, 1828.9
- 12	0,6977	1.17, 580.7, -8.01, 2782.6
- 20	0,5488	1.76, 1684.2, -17.2, 9438.4

Tabelle 3.2 : Werte der Beobachtermatrix f_B beim Pendel